国家出版基金项目

"十四五"国家重点出版规划

非典型美学译丛

周宪
顾爱彬
主编

可持续的美学　产品设计与可持续性使用

[丹]克里斯蒂娜·H.哈珀（Kristine H. Harper）/ 著
聂萌 / 译

花城出版社
中国·广州

图书在版编目（CIP）数据

可持续的美学：产品设计与可持续性使用 ／ （丹）克里斯蒂娜·H.哈珀著；聂萌译. -- 广州：花城出版社，2024.4
（非典型美学译丛 ／ 周宪，顾爱彬主编）
ISBN 978-7-5749-0006-6

Ⅰ. ①可… Ⅱ. ①克… ②聂… Ⅲ. ①产品设计－研究 Ⅳ. ①TB472

中国国家版本馆CIP数据核字(2023)第167120号

Aesthetic Sustainability：Product Design and Sustainable Usage, 1 st Edition/by Kristine H. Harper
ISBN: 978-1-138-36918-4
Copyright © 2018 Kristine H. Harper
Authorized translation from English language edition published by Routledge, a member of Taylor & Francis Group LLC；All Rights Reserved.本书原版由Taylor & Francis出版集团旗下Routledge出版公司出版，并经其授权翻译出版，版权所有，侵权必究。
Guangdong Flower City Publishing House co.,Ltd. is authorized to publish and distribute exclusively the Chinese（Simplified Characters）language edition. This edition is authorized for sale throughout Mainland of China. No part of the publication may be reproduced or distributed by any means, or stored in a database or retrieval system, without the prior written permission of the publisher.本书中文简体翻译版授权由广东花城出版社独家出版并限在中国大陆地区销售，未经出版者书面许可，不得以任何方式复制或发行本书的任何部分。
Copies of this book sold without a Taylor & Francis sticker on thecover are unauthorized and illegal.本书贴有 Taylor & Francis 公司防伪标签，无标签者不得销售。

| 出版 人：张 懿 |
| 统筹编辑：李 卉 |
| 责任编辑：郑秋清　蔡 彬　李 卉 |
| 特约编辑：吴其佳 |
| 责任校对：衣 然 |
| 技术编辑：林佳莹 |
| 封面设计：水玉娘文化 |

书　　名	可持续的美学：产品设计与可持续性使用
	KECHIXU DE MEIXUE：CHANPIN SHEJI YU KECHIXUXING SHIYONG
出版发行	花城出版社
	（广州市环市东路水荫路 11 号）
经　　销	全国新华书店
印　　刷	佛山市浩文彩色印刷有限公司
	（广东省佛山市南海区狮山科技工业园 A 区）
开　　本	880 毫米 × 1230 毫米　32 开
印　　张	11.875　1 插页
字　　数	161,000 字
版　　次	2024 年 4 月第 1 版　2024 年 4 月第 1 次印刷
定　　价	58.00 元

如发现印装质量问题，请直接与印刷厂联系调换。
购书热线：020-37604658　37602954
花城出版社网站：http：//www.fcph.com.cn

总　序

周　宪

在21世纪热门的各类学问中，美学无疑是备受关注的知识领域。美学之所以为人所追捧，并不是因为它是高深的学问，而是因为它不断地改变着人们的思维方式、情感方式和行为方式。一方面，美学一改曾经高冷矜持的做派，走出了艰深莫测的哲学思辨之藩篱，以一种前所未有的亲近感走近黎民百姓；另一方面，随着社会的现代化，尤其是物质生活水平提升，有品位的生活已成为人们的普遍追求。人们越来越敏锐地感到，美学离我们并不遥远，它就在我们身边。

从带有精英主义和高雅文化特质的经典美学，向大

2

众日常生活的转变,是当代美学最为显著的趋势之一。如今,谈论美学已不是哲学家和美学家的特权,美学话语俨然已是日常讨论的丰富谈资,正像"人人都是艺术家"或"人人都是设计师"这样流行的说法一样,"人人都是美学家"正在变为现实。

显而易见,不断变化着的当代社会现实,在不断重塑着美学的面貌。来自不同领域的人文学者和思想家们不但喜好谈论美学,也引入了许多不曾有过的美学主题和观念,于是美学悄然发生了深刻的变化。从经典美学的视角来看,当下很多标榜为"美学"的著述,其实并不是典型的美学话语或美学主题,要找一个概念来概括这些变化,恐怕没什么比"非典型美学"更恰当了。

在我看来,"非典型美学"是一个开放性的新知领域,跨学科、跨领域、跨边界和跨媒介当是它的典型特征。换言之,"非典型美学"不再围绕一个"美"字做文章,也不再限于"美的艺术",而是无所不及,无所不谈。由此来看,"非典型美学"与其说是一种规范的、严格的学术话语,不如说更像是一种思维方式和观察角度。所以,"非典型美学"充满了"无限活力"和

"勃勃雄心",或许我们还可以用另一种说法来加以概括,那就是"泛美学"(panaesthetics)。

在今天这个充满变化的时代,我们不但需要以变化的眼光来看世界,也需要以新的视角来认识美学。古训云:"生生之谓易。""易"者,变也,美学要在不断变化的世界里富有生机活力,可持续地变易乃是其生存之道。正是基于这一认知,我们策划了"非典型美学译丛",诚邀热爱美学的各路方家,译介国外学术精品,重塑中国当代美学的地形图。

感谢花城出版社接纳了这个创意并给予大力支持,也感谢项目团队的有效工作。期待"非典型美学译丛"越做越火,开创出当代美学的一片新天地!

是为序。

献给萨里德、马里厄斯、塞韦林

目　录

导　言　001

第一章　熟悉之物的愉悦感　015

第二章　陌生之物的愉悦感　069

第三章　审美灵活性的表达　127

第四章　设计时间之物　183

第五章　神奇之物　209

第六章　可持续美学的价值　249

第七章　美学策略　277

参考文献　351

索　引　356

导 言

002

祖母和外祖母去世后,留给我很多东西:餐盘、杯子、花瓶、陶瓷塑像、桌布、针织毛衣、披肩、珠宝、烤面包机,甚至还有一个洗衣篮。这些物品大部分都是装饰性的手工艺品;烤面包机和洗衣篮之类的功能型物品揭示出如下事实:可持续性,而非为买东西而买东西,曾是我们生活方式的一个重要组成部分;如果旧的洗衣篮还能用,为何要买新的?祖母们生活的年代里,在家里摆放瓷雕,比如,正在玩耍的陶瓷熊、威严的陶瓷猫或作胃痛或头痛状的胖婴儿瓷像,体现了主人的好品位,女人们佩戴珠宝则能彰显地位与财富。然而,在我的时代精神和文化中，家里的装饰性元素通常仅限于窗台上或地板上的盆栽以及墙上的抽象绘画，并且，我本人一向不太喜爱珠宝；事实上，我最钟爱的珠宝仅仅只是一条样式简单的印度串珠项链和一只儿子们制作的塑料串珠手镯。不过，我依然十分珍惜从祖母们那里继承来的物品。对我而言，两位祖母都对我很重要，我也一直感觉在情感上与她们有连接。因此，我保留着所有这些花瓶、杯子、桌布、瓷雕、珠宝以及针织品。然而，它们大部分都被我精心打包起来，收藏在储存室中，从未见过日光。这是为什么呢？原因就在于它们的审美价值。我因与祖母们之间的情感纽带而保留它们，但我不想用它们来装饰我的家，也不喜欢佩戴它们。从美学角度看，它们并不适合我。这些物品要么太花哨，要么充满了过去时代的潮流或价值观，对我来说毫无意义，且它们与我个人的价值观和偏好并不相符。但是，它们之中有几件却不同，被我摆放在家中或常被穿戴在身上。这几件物品具有一种罕见的品质：既有情感价值，也有审美上的持久性。它们的样式吸引着我，滋养着我。它们使我回忆起两位祖母——每当我看着或穿戴着它们的时候，它们承载的记忆总能使我感到愉悦——与此同时，它们很有美感，尽管它们的艺术表现形式根植于过去的时代。

我写这本书的目的在于揭示审美可持续性以及审美上可持久的物品的多面性。是什么使一个设计对象的表现形式或外观具有持久性？又或者，我们为什么丢弃某些仍在使用期限之内的物品，而保留着并时常修补某些已经明显损坏或外观已然过时的物品？有没有可能确立一些对所有（或大多数）人都适用的普遍性审美因素？

可持续的产品设计与生产方案通常侧重于创造出可以高效回收、对环境无害的产品。本书的观点则是，创造出坚固、精巧、耐用的产品才是革新设计界最重要、最基本的方式。可持续的设计也关乎如何引领消费者少买东西、买好东西。只有当产品在功能、审美以及表现方式等方面都能适应不同的使用情境和用户需求时，它才是可持续的。

这一审美视角挑战了可持续设计只关乎降解与重构的观点。如何说服消费者购买某项产品并不在关注点之内，推动人们做出伦理、美学选择以限制过度消费才是审美可持续性工作的明确目标。从美学的观点来看，可持续的设计旨在创造出可以修复、升级和/或重复使用的耐用产品。与此同时，它们必须有足够的吸引力，唯有如此使用者们才愿意长期修复并重复使用这些物品；它们需要满足人们对审美享受的需求。

设计师们采用可持续的、非合成的材料，力求缩短运输时间以减少CO_2排放，这当然对环境有利。此外，还应当鼓励消费者们减少清洗衣物和使用滚筒烘干机的次数；产品应易于维修和升级；在设计过程中也应强调采用最小浪费策略（如零浪费策略）。然而，最具可持续性的设计方案是，通过设计教育消费者购买数量更少但质量更优的产品，也就是在质量和审美价值上均具有持久性的产品，以最大限度减少甚至消除过度消费。消费者们愿意照料、修补这些产品，并最终把它们传给后代。运用可持续的审美方针不是为了发现重复利用残损物品中剩余材料的方法，而是为了努力创造出经久不衰、一直可以用到超出自然使用期限的产品。

本书的目的在于为减少、反思以及革新消费模式制定指导方针，总体目标是通过产品设计阻止过度消费。这些指导方针是为了匡正自给自足式的消费行为和用之即弃的消费心态。虽然人们对可持续性的关注日益增加，但这种心态依旧主宰着晚期现代社会。改革的方式即是创造经久耐用的产品，一旦它们损坏或者无法按照最初的目的发挥作用时，人们便可以修复或者更新它们。这样的物品不会过时或过季，在未来的几十年里依然充满艺术表现力和审美力。

从基础层面来讲，设计的目的在于创造出对使用者有价值的产品。但是，如何定义"价值"？创造审美上可持续的价值又指的是什么？以及审美价值（如何）能提升物品的可持续性？对于物品及事物而言，"可持续性"又意味着什么？有可能为生产具有审美价值且具有可持续性的产品制定出具体的"指导方针"吗？

我目前的设想——构成了可持续性审美分析的基础——表明能经受时间考验的设计方式都是容易解读的，它的设计方式与它传达的信息是相宜相契的。此种设计方式具有一定程度的"中立性"和极简主义。这里的"中立性"可以理解为物品的和谐性，这些物品适用于多种应用场景，迎合各种不同的品位，具备一种艺术表现上的普适性。此外，审美上可持续的设计样式能制造愉悦感，因为它们满足了人们对于对称、和谐的色彩搭配、设计材料等基本规则的期待。可持续的设计还须保持一定程度的审美灵活性，以确保其环境适应性。

然而，我对一个相反但仍相关的问题也很感兴趣：可持续的设计方式是否如此复杂和具有挑战性，以至于它需要持续的兴趣来（长时间地）探索？最具审美可持续性的物品是否具有如此高的复杂性，以至于使用者当即（且反复地）受到挑战并被迫考虑该物品与周围世界的关系？或许，可持续的物品带来的乐趣就是在于它们可以通过使用不同寻常的材料、配色方案以及不对称的形状来冲击我们的感知力和理解力，突破使用者的舒适区。从这一点来看，可持续的产品是多功能性的（在实用或美学层面上都是如此），这有助于增强它们的审美灵活性。

以上两种方式并不一定互相抵牾。关键在于，每种方式都为分析和处理审美可持续性提供了一种不同的整体策略。我称第一种方式为"熟悉之物的愉悦感"，第二种为"陌生之物的愉悦感"。值得注意的是，那些我从祖母们那里继承的、同时具备情感价值和审美持久性这两个罕见特性的物品的特征是：它们要么表现出一种令人愉悦的"中性"特征，可以与其他物品结合起来使用，或在多种情境中穿戴使用，要么具有一种复杂性或"古怪性"，每当我看到它们或使用它们时，都会"被戳到"。

持久性的概念

如前所述，审美体验可以根据两种不同的愉悦感划分为"熟悉之物的愉悦感"和"陌生之物的愉悦感"。这两种愉悦形式都能令人着迷、满足，尽管方式大不相同。二者之间的根本区别可以历史性地回溯至优美与崇高之间的区别——或者更确切地说，回溯至优美的审美体验与崇高的审美体验之间的区别。以下的章节将探讨与具体的设计经验以及审美可持续性相关的优美和崇高。但是，首先，需要进一步厘清"可持续性"以及我称之为"可持久的设计"的概念。

对于可持续性的概念以及可持续产品与概念的发展

而言,"持久性"至关重要:

持久性与使用可持续的、经久耐用的或能够自然老化的材料有关。

持久性作为一个概念,可以指易于修复或升级回收的材料。

持久性通常与可借助技术或可替换元件不断更新、以防过时的设计方案密切相关。

最后,持久性可以指功能性和灵活性。

本书聚焦于审美的可持续性,我的调查将试图回答以下问题:为什么我们早在某些物品和衣服过期之前就扔掉它们,与此同时却坚持保存某些类型的物品多年,甚至一生,为它们可能遭受的任何磨损而哀叹?设计产品时,如何创造"永恒性"与持续的吸引力?

除"永恒性"以外,审美可持续的物品包含有直接的美学吸引力。当我们面对一件具备美学吸引力,能够阐明我们作为人的本质的物品时,会发生什么?通常,我们会体验到一种与物品的直接联系,类似于爱上某人的最初时刻所体会到的非理性的感觉。这种体验是一种心灵感应；这件物品似乎与我们的个人价值观紧密相连，维系甚至表达着这些价值观。这种情感体验可以带来一段持久的联系，爱、尊重以及想要保留、保护该物品的强烈意愿不断强化着人与物之间的联系。

然而，直接吸引的体验以及持久联系的发展能否"正式化"？是否就一件物品需要具备何种功能、外观，给人何种感觉提出一般的准则，以便激发如此强烈的情感？这种情感显然是主观的，且与个人的经历和偏好密切相关。前两个章节"熟悉之物的愉悦感"和"陌生之物的愉悦感"尝试回答上述问题。

结构与概述

本书围绕一系列探索展开，这些探索深入探讨了与可持续性相关的美学表现方式，以及有关规划或设计制造出兼具审美性和持久性的产品的多种设计策略。书中提出的每一种分析和策略都与可持续性有关。分析部分基于我自己的观察，部分建立在埃德蒙·柏克(Edmund Burke)、伊曼努尔·康德(Immanuel Kant)、约翰内斯·伊顿①、瓦西里·康定斯基(Wassily Kandinsky)、让-弗朗索瓦·利奥塔(Jean-Francois Lyotard)、罗兰·巴特(Roland Barthes)、威利·奥尔斯科夫②和多尔特·乔根森③等人的哲学著作的基础上;此外,本书还借鉴了凯特·弗莱彻④、乔纳森·查普曼⑤和斯图尔特·沃克⑥等人设计分析作品。本书的分析和设计策略针对的是具体的物品和物件,而非无形的、概念化的设计方案。不过,在接下来的章节中

---

① 约翰内斯·伊顿(Johannes Itten, 1888—1967):包豪斯学派色彩艺术理论家,著有《色彩艺术》《造型基础:包豪斯学校的基础课程》。

② 威利·奥尔斯科夫(Willy Ørskov, 1920—1990):丹麦雕塑家,因在作品中使用塑料、橡胶等可充气材料而著名。

③ 多尔特·乔根森(Dorthe Jørgensen, 1959—):丹麦哲学家,美学理论家,著有《美的形而上学:美学思想的历史》《想象的心绪:美学、总结与哲学》等作品。

④ 凯特·弗莱彻(Kate Fletcher, 1971—):可持续时尚倡导者,著有《可持续性时装设计》等。

⑤ 乔纳森·查普曼(Jonathan Chapman, 1974—):美国卡内基梅隆大学设计学院教授,主要研究情感上可持续的设计,著有《情感永续设计:产品体验与移情作用》等。

⑥ 斯图尔特·沃克(Stuart Walker, 1955—):英国兰开斯特大学可持续发展设计研究中心教授,著有《设计的精神:物品、环境与意义》《可持续的设计:理论与实践探索》等。

你会发现，本书针对设计策略所做的思考能够轻易地迁移到概念发展、案例分享等情境中去。

本书提供了创造审美价值和审美效果的指导方针，可有效应用于审美可持续产品的开发。此外，书中还包含有设计分析指南，并且为哲学美学以及美学、设计和可持续性三个概念的交叉领域提供洞见。

本书分为以下几个部分：

第一章和第二章聚焦于优美与崇高，构成了本书的理论和哲学基础。在这两章中，这些哲学、美学范畴将分别被转译为"熟悉之物的愉悦感"和"陌生之物的愉悦感"，二者均可用来分析、规划设计产品所能激发的审美体验。前两章的目的在于厘清解读物品与其相反面，也就是探索物品之间的区别。

余下的章节从不同的角度审视可持续的美学。除此之外，还为制定可用于审美可持续性产品设计的策略方针提供了不同的建议：

第三章《审美灵活性的表达》讨论"美"这一概念，具体而言，主要讨论美在表现形式上是短暂易逝、变幻无常的，还是恒定永久的这一话题。这一章同时也论及了设计具备广泛吸引力的物品的方法。此外，本章还提出了时代精神分析的方法。

第四章《设计时间之物》讨论设计师们应该如何在物品中注入时间感，以提升它们的情感和审美价值。具体方法有：借助与设计过程相关的叙事手段，使用可回收利用的材料，或创造出老化或腐朽的错觉。

第五章《神奇之物》聚焦于特定物品的灵韵和魔力以及人们与这些神奇之物所建立的情感纽带。通过分析"物的神性"（thing-magic）这一概念，本章还建构了一系列的指导方针，以明确应该如何将这一概念融入产品设计中。

第六章《可持续美学的价值》重点关注传达可持续性和审美性的最佳方法。除非消费者能够了解审美可持续产品的设计思路和制成过程，或能够在其中体验到一个好的设计产品能带来的感官愉悦，否则很难让他们相信物品实际上是持久耐用的，并且它的表现形式和质量能够在未来的岁月中持续激发审美愉悦感。

第七章《美学策略》综合了本书的各种观点。本章提出了一个美学策略模型，可同时应用于设计过程中美学的战略性运用和受众审美体验的规划。该模型整合了熟悉之物的愉悦感和陌生之物的愉悦感的原则,并设置一组对立面,以指导设计过程。正如本章最后一节所展示的,该模型可同时有效地应用于物品和概念的分析。

第一章
熟悉之物的愉悦感

当周身环境及其中的物品完全符合期待时，人们会感受到极大的满足感，甚至是愉悦感。这种满足感与我们面对熟悉的现象和事件时所体验到的舒适的安全感有关。就其本质而言，它意味着准确知道他人对自己的期待，明白自己应当如何表现、如何与他人交往。这种满足感与秩序、和谐，尤其是可预测性相关；此外，它与人类构建日常生活并为自身创造稳定的生活节奏的需要密切相关。

熟悉之物的愉悦：身边的物品以我们所期待的方式存在、行动和运转。

它可以是触摸一张桌子的表面,期待体验到某种熟悉的触感——凉爽、光滑或坚硬——并且恰好能获得期待中的体验。

它可以是穿上一件衣服,这件衣服如预期那般合身,穿在身上的样子也如预期那般:给人的感觉或触摸体验与面料的外观完全匹配。

它可以是在商店里拿到一件夹克时,立即知道如何穿上、敞开或合上它。

它可以是在一条配色和谐均衡的毯子或披肩中体验到舒适、安全感。

它也可以是从桌子底下拉出一把椅子,体验到期待中的重量和表面触感时的愉悦感,这意味着物品给人的触觉体验与它给人的视觉感受完全相符。

它可以是能够立即使用以前没有使用过的厨房用具——土豆削皮器、开瓶器、咖啡壶或勺子——的愉快舒适体验,在心里参考一下其他类似的物品,便能知晓它的性质和功能。这种惬意的设计体验与如下事实有关:物品的形状内在地决定了它的使用方法,我们的双手本能地知道该如何操作。

它可以被抽象地描述为看到材料如何轻松地或自然地适应物品形状的乐趣。换句话说，相对于形状来说，材料并没有表现出很大的惯性[1]。

它可以是到一家以前从未去过的咖啡馆，并意识到它的设计和结构与其他熟悉的咖啡馆完全相同的愉悦体验。由于熟悉布局，人们知道如何行动，例如，找一个座位，在柜台点餐，支付订单，然后回到座位上。

或者，它可以是在清晰易懂的图标或指示牌的引导下轻轻松松地在城市或建筑物中找到路的愉快体验。

我们都需要上述这些令人舒适的习惯性，或者能够激发习惯的体验。如果没有这样的体验，我们会感觉周围环境一片混乱、无法控制，需要付出大量的精力和艰巨的努力才能驾驭。我们必须让自己至少在某种程度上可以控制周围的环境，可以理解并掌控身边的人造物品和空间结构。我们需要知晓日常环境的"基本规则"，这是一种身体上的或与身体体验有关的需要。此外，我们需要安全感和归属（于其他人和空间）的感觉；我们还需要知道应当如何按照社会文化的规定行事,以及如何对待身边的物体、人工制品。如果我们日常生活中遇到的物品以预期的方式发挥作用或给予我们期待中的感官印象,我们对于控制感、安全感以及身处舒适、熟悉的环境中的心理需要就能得到满足。

从美学层面上讲,熟悉之物的愉悦感可以与优美这一概念联系起来。毕竟,熟悉之物的愉悦感与人类理解、使用日常生活中的物品的需要和能力有关,这种能力和需要能够提升身体的舒适度。因此,为了界定和分析与熟悉之物的愉悦感相关的持久审美体验,我将首先在历史-美学的语境中引入"优美"这一概念,并分析它与审美体验的关系。

优　美

讨论美学与审美体验时,需要考虑两个基本、关键的术语:优美与崇高。在许多方面,这两个术语代表了审美体验的两个完全不同的方面,是许多哲学论文和艺术史讨论的主题。在下一小节中,我将借鉴其中的一些，因为它们影响了我对可持久的表现形式和可持续美学的理解。

优美与崇高之间的历史划分表明，审美体验不一定只与美有关，不愉快、不平衡、扭曲甚至丑陋也有可能激发审美体验。其中的例子包括破旧的老房子或哥特式教堂中恐怖的恶魔形象。

优美与崇高之间最为显著的区别可以概括如下：

优 美	崇 高
对称	非对称
舒适	不舒适
秩序	混乱
可预测	不可预测
有界限	无限
有形	无形
平衡	不平衡、扭曲

简而言之，优美可以定义为一种符合诸如色彩和谐、构图之类的基本审美准则的表现方式。作为优美的对立面，崇高的特点是，现象或物品打破了普遍性的基

本审美准则，带给受众一种不同于"古典"美的审美快感。我会在第2章中讨论崇高，在此之前我们首先需要理解、分析美这一概念，因为它与可持续的美学与设计密切相关。

优美主要关涉的是形状或比例和谐的物体，这些物体给受众或观者以直接的快感。自古代起，优美就与形状、比例、平衡相关联。亚里士多德（前384—前322）在他的《形而上学》中描述了毕达哥拉斯学派（建立于公元前6世纪）为何认为世界是由数学构成，并由数字关系决定的。对于毕达哥拉斯学派来说，美与秩序是同一的，因此，美不仅与人在世界中的体验相关，而且，美是绝对、不变、普遍的东西。美被视为世界之中和谐的、对称的、成比例的形式的总和（乔根森，2008:29）。

柏拉图（前427—前347）认为，如果一个物体清晰地体现了它所脱胎的理式或理念，那么就可以认为它是美的。按照这种思考方式，一把椅子，如果人们能明白无误地认出它就是椅子，且认为它作为椅子是恰到好处的，那么它就是美的。从这里可以看出，美具有一种精确性（博默，2010:24）。美在表达形式上是精确、毫不含混的。美的物品清晰地表达了它们是什么，且它们作为该物体都是恰到好处的。这种观点孕育了功能主义美学。功能主义定义了20世纪早期设计与建筑领域的历史语境与风格，它注重简洁性和客观性，认为形式应该服从功能。功能主义提出了"形式服从功能（form follows function）"的著名口号，力求清除形式中一切非绝对必要的元素。美国建筑师路易斯·沙利文（Louis Sullivan，1856—1924）是该口号的提出者，他的主张与前一阶段的新艺术运动（art-nouveau）的有机装饰理念完全相反。包豪斯学派建筑与家具设计师马塞尔·布鲁尔[①]称他自己的椅子为"坐器"，这影射了上述的古老观点：椅子的美恰恰在于，它很好地展现了一把椅子的功能。椅子被称为坐器是因为它坐上去很舒服。因此，物品的形式与外观次于它的功能，这就是功能主义者眼中的美。

---

① 马塞尔·布鲁尔：（Marcel Breuer，1902—1981）20世纪早期家具设计师，因引进钢管家具而出名，以包豪斯学校同事名字命名的"瓦西里椅"是其代表作品。

因此，在某种程度上，美在于功能。或者，至少在于精准、明确、简洁、易于理解和接受。

在柏拉图的对话录《大希庇亚篇》（约公元前390年）中，苏格拉底和希庇亚为美寻找定义，他们所做的工作之一即是确定用金制成的勺子是否比用无花果木制成的勺子更美（柏拉图，1997:908）。苏格拉底假装难以抉择。金汤匙当然比木汤匙更精致（因此也更有吸引力），但喝汤时并不好拿。他们最后的定论是，木勺子更美，因为相比之下，它更好地展现了它（即勺子）的本来面貌，更加实用。对于柏拉图而言，美与善紧密相关。因此，一件物品要想被认为是美丽的、耐用的，它的材料必须服从于它的形式。在第4章中，我将会更加深入地探讨材料带给人的体验。

柏拉图将美与善（或功能）关联起来，这与我最初的假设相矛盾，我认为审美吸引力是审美持久性的基础，它是无意识的吸引力或情感依恋，在很大程度上，它是非理性的，因此，并不取决于使用中的物品是否充分履行了它被规定的功能。面对物品的直接吸引力，任何对其功能品质的批判性评估都会失去效力。然而，这种瞬间的迷恋一旦消退,就会让人产生挫败感。

一方面,物品应该很好地表现出其本来面目,这似乎是有道理的(毕竟,使用或把玩一个与其功能几乎完美匹配的物品是令人愉快的);另一方面,存在一类物品,它们的首要功能似乎是为人类制造审美愉悦,我们称这些物品为有审美功能的物品。因此,功能并不应该局限于实用性,反过来,实用性也不应该成为衡量物品耐用性的唯一标准。相对于崇高而言,在优美这一范畴内,功能性可以被定义为满足人们内心深处对有序、比例和谐及结构良好的偏好。

对比例、平衡和对称形式的偏好——这是古典希腊艺术的特征——这表明,最纯粹的几何形式被认为是最美的,它们的数学比例最简单。从这一主要依据比例均衡来理解形式的方式来看,美因美的理念,或者说所有美的物品的通性而完善(乔根森,2008:39)。美的理念就是美的本质,椅子的终极形式表明了椅子本质上是什么样子、应该发挥什么作用,就如同一把勺子展示了勺子这个类别本质的特点。

出于为创造可持续的美学设计制定具体的指导方针

的目的，我想找出美的事物的共性。但是，问题在于，美是单独存在于事物本身，还是在于主客体之间的互动。我对探索审美体验尤为感兴趣，因此，我推定，体验事物，也就是主客体之间的互动是确定美的本质的重要因素。

关于美学，丹麦哲学和思想史教授多尔特·乔根森写道：

> 美并不只是我们能够理解并称之为美的东西的一个方面。美不仅仅是客观的，它不会以既定的面貌出现在世界上，但美也不是主观的，它不仅仅存在于观者的眼中。

她还写道：

> 美存在于一个潜在的美的客体和一个主体相遇的时刻。具有美的潜质的客体为主体所见，使美的体验成为可能。（乔根森，2012:35）

此处体现了两个核心要素：①具有美的潜质的客体②有能力体验美的主体。因此，以下两小节将聚焦具有美的潜质的客体，看看是否有可能为研判客观美制定通用的标准。此外，这两节还会讨论审美主体及其文化"定见"、内涵框架对潜在的审美体验的重要性。随之产生的问题是：我们能否培养或发展这种审美能力？

遵循普遍性审美准则

何时一个物品可以被认为是美的？如前文所述，优美的审美体验可以被界定为对于和谐的形式、均衡的比例、对称以及清晰的界限的体验；换言之，美是一种"流畅"的体验，没有什么阻碍人们对他所遇到的事物或现象的理解或接受。然而，人类各不相同——人们有不同的偏好、品位、生活方式和文化背景——对于什么才是美的、刺激的、动人的或迷人的，每个人都有自己的看法。有鉴于此，谈论普遍性的审美准则是否有意义呢？

回答是肯定的，这确实有意义。毫无疑问，在论及美学与美感时，个人品位、潮流风尚以及时代精神都是相关因素。然而，在最为令人感到舒适的表现形式或设计风格的元素上，人们的偏好具有普遍性或共同性。人与人可能不同，但有某些共同的生理特征，同样地，我们的感官应对刺激的方式也大致相同。因此，尽管我们有许多不同之处，但仍然有可能构建出一套基本准则，用以说明人类的感官以何种方式感知、内化形状、颜色与材料，以及先验知识（也就是说，在进行阐释与附加意义之前）如何确定哪种表现形式才是最为协调、最易于理解的。

纵观历史，不少思想家构建了这类准则。在接下来的部分中，我将参考其中的一些，以便从理论上界定出给人以舒适感、唤起熟悉之物的愉悦感的审美表达形式。

对于结构与均衡的需要

德国哲学家和知觉心理学家鲁道夫·阿恩海姆[①]认为,视觉能够本能地、主动地进行选择和分类,例如,椭圆形会立即自动地被归为圆形的变体,在努力使周围的事物井然有序并理解周围环境的过程中,人的感觉器官会本能地寻找易于识别和标记的形式。

当人类运用感官时,他们尝试为世界构建秩序,这一行为可以用"触觉过程"来形容,在这一过程中,人们试图从世界上众多的不规则平面和形状中整理出连贯的形式。如阿恩海姆所言:

> 观看一个物体时,我们会伸手去拿它。在一只看不见的手的带领下,我们在周围的空间中穿梭,去到遥远的地方,在那里,我们发现事物,探索、触摸、捕捉它们,扫视它们的表面,追踪它们的边界,探索它们的纹

---

① 鲁道夫·阿恩海姆(Rudolf Arnheim,1904—2007):德裔美籍作家、美术和电影理论家、知觉心理学家,格式塔心理学美学的代表人物,著有《艺术与视知觉》《视觉思维》等作品。

理。感知形状是一项非常忙碌的活动。

(阿恩海姆,1974:43)

在《艺术与视觉感知》(*Art and Visual Perception*)一书中,针对人类自发的、普遍的视觉体验,阿恩海姆提出了一些具体的规则。例如,可能"不均衡的构图会给人以偶然、短暂的感觉,因而也给人无效的感觉"(阿恩海姆,1974:20),因此,致力于满足人类天生青睐平衡样式的共同偏好的设计师们应该努力创作出匀称的作品。人类的眼睛追寻平衡与和谐,当目光遭遇到不平衡的物件时便会产生"排斥"或困惑之感。从阿恩海姆的观点来看——虽然他认为当人眼试图组织、结构化并理解外部世界的时候,它正在对外部世界进行"概念化"——感官活动不是智性行为,但初级的感觉过程和理性推理之间仍然存在某种对应关系。

阿恩海姆认为,在创作过程中,设计师们可以增强或者减弱作品的一致性或差异性,而这与设计背景高度相关。他们既可以选择创作易于理解的作品,也可以创造比较复杂的作品(我会在第2章中对此进行讨论)。

此外，稍微改动作品的基本形状，有可能会满足观者对统一和平衡的追求，让观者的目光得以在不同的形式或表现方式中漫游并将这些形式或表现方式进行并列对照。根据阿恩海姆的说法，需要注意的是，对于秩序的偏好无关乎文化或社会"定见"，它是人类普遍的、共同的特点。

为了理解感官印象，人们会对它们进行并置和分类。设计师当然可以挑战人类的这一普遍的瞬间本能需求，但是，既然人类的目光无时无刻不在周身环境中寻找结构与秩序，那么与这一本能需求相调适，设计作品便能创造出高度的即时满足感，产生即时回报。这种即时满足与熟悉之物的愉悦感以及优美的审美体验有关。

丹麦雕塑家和哲学家威利·奥尔斯科夫认为，人类对结构的共同需求根植于他们理解外部事物的需要；有节奏的重复以及和谐的部件（人眼总在搜寻它们）能帮助人们驱逐环境之中的"恐惧"、无序和混乱。如奥尔斯科夫所言，"渴求体系是人类基本的、共同的特点，它表现为对于界线、秩序、焦点以及节律的追寻"（奥尔斯科夫，1987:88）。这种追寻和谐、秩序以及有节奏的重复的现象是普遍的，是人所共有的。无论具有何种文化背景和风格偏好，每个人都希望在他或她的环境中寻找体系。有鉴于此，基于有节奏的重复、对称的结构以及和谐呈现出来的表达形式能立即给人以最大的愉悦感。

"熟悉之物的愉悦感"正是来自这种舒适感。这种愉悦感的特征在于，它满足了人类对于结构、秩序、焦点以及掌控感和清晰性的需要。

基于功能主义和构成主义的设计方法，包豪斯学校[2]的老师们——如瓦尔特·格罗皮乌斯[①]、瓦西里·康定斯基、约翰内斯·伊顿、保罗·克利[②]、路德维希·密斯·凡·德·罗[③]、赫伯特·拜耶[④]和马塞尔·布鲁

---

① 瓦尔特·格罗皮乌斯：（Walter Gropius，1883—1969）德国现代建筑师和建筑教育家，现代主义建筑学派奠基人，积极提倡建筑设计与工艺的统一、艺术与技术的结合。

② 保罗·克利：（Paul Klee，1879—1940）现代表现主义艺术家，画作深受凡·高、保罗·塞尚和亨利·马蒂斯的影响，代表作有《亚热带风景》《老人像》等。

③ 路德维希·密斯·凡·德·罗：（Ludwig Mies van der Rohe，1886—1969）德国现代主义建筑大师，包豪斯学校校长，坚持"少就是多"的建筑哲学，主张空间上的流动。

④ 赫伯特·拜耶：（Herbert Bayer，1900—1985）现代平面设计大师，德国理性主义倡导者，重视功能型设计和简洁的设计形式。

尔——意欲寻求一种通用的固定模板，它能形成国际化的风格，能够弥合地区之间的差异，被所有人理解和欣赏，尽管他们的文化背景与当下偏好可能有所不同。功能优于形式，正如功能应当适应人的需要。

对于包豪斯学派的设计师来说，他们所寻求、研究和运用的极简主义与功能主义表现方式是一个通用的模板，因为不使用装饰与象征主义，该模板最大化地减少了人们解读物品时的"误解"。此外，他们认为，极简主义、"中性的"设计物能更好地适应各种不同的情境，也就是说，它们具有高度的环境适应性。它们之所以具有这种适应性与持久性，是因为没有制造任何视觉噪声。追求持久的设计方式是包豪斯学派的使命的内在要求，它致力于创造超越时间与地域的表现方式。包豪斯式设计的普遍性因此也与它超越时间与地域的特性直接相关。

包豪斯学派认为，远离与时间与地域相关的审美，可以将美的衰退或过时的风险降至最低。很明显，美的衰退或过时与受时代精神影响的"好品位"的文化偏好相关。正因为如此，超越了时间与地域的表现方式因其普遍性被认为是具有美感的。

纯粹的表现形式

本章已经多次用"极简主义"一词来描述与"熟悉之物的愉悦感"相关的表现形式。一般认为,极简主义设计倾向于避免装饰,追求"干净"、均衡和易于理解。为此,我将简要回顾"极简主义"一词的历史,以窥其本质。

在唐纳德·贾德[①]、索尔·勒维特[②]和弗兰克·斯特拉[③]等艺术家的引领下,极简主义于20世纪60年代中期在美国兴起。这些极简主义艺术家试图净化当前的设计风气,摒弃陈规旧习,为艺术创造新的基础。通过将

---

① 唐纳德·贾德:(Donald Judd, 1928—1994)美国抽象几何雕塑家,擅长制作以金属立方为主体的雕塑,这些雕塑后来成为"极简主义"艺术的代表作品。
② 索尔·勒维特:(Sol LeWitt, 1928—2007)概念艺术、极简主义绘画家、摄影师,20世纪60年代末以色彩明艳的抽象几何壁画和白色的立体几何雕塑(他本人称之为"结构")闻名。
③ 弗兰克·斯特拉:(Frank Stella, 1936—)美国画家,以抽象作品闻名,他朴素的几何画使其成为20世纪60年代极简抽象艺术运动的领导者。

艺术还原为基础形状（圆形、三角形和正方形）与原色（红色、黄色、蓝色以及黑色和白色，以与包豪斯保持一致），他们得以创作出由高度同质的元素构建而成的对称作品。

极简主义的视觉原则是简单和透明；没有复杂的信息，作品也不需要名称这类抽象、隐晦的符码。极简主义的艺术作品是开放的，没有源头的，从这个意义上说，它们并不指代任何一个现象和事件（这意味着观者需要具备某种先在的知识或文化"定见"才能理解）。相反，它的参照系纯粹是空间的。作品是空间的一部分，因此能够进入观者的世界。如此一来，观者的体验就非常有形、实在。在艺术体验之中，重要的是与作品同在的感觉，而非作品引发的联想或隐含的故事。这类开放的作品不需要名称或解释性的"钥匙"，观看者可以依据自己的方式理解它，或将他个人的想象移植到作品上；本质上而言，观者是意义的主要创造者。没有源头的作品并不表现艺术家个人的内心生活或经历，而是通向世界的一个入口（奥尔斯科夫，1987:20-21）。

与包豪斯学派的国际化风格相比，极简主义艺术品锚定在时间与地域之中。尽管国际化的风格的使命之一是超越地域与时间，也即文化和/或历史意义上的地域与时间（摒除一切具有象征意味和当代风格的装饰），极简主义关注的却是此时此地的有形存在。极简主义的艺术作品与其观者共同存在于当下这一刻。观者的体验是，或者应该是瞬时的、实在的。由于强调在场性，极简主义发展成为一种普遍性的风格，或者更确切地说，它是一种每个人无论在何时何地都能理解的风格。

极简主义想要"强迫"观者摒除阐释过滤器（通常是文化上的过滤器），沉浸于当下，直接体验作品，将作品置于时间地点之中的同时，又去除了基于时间与地域知识的参数，这些参数常常会决定我们对物的体验。极简主义因而创造出了一种共性或普遍性。我们都有同样的感觉器官，对和谐的构图有同样的偏好，也都想要为我们的物理环境建立体系。因此，从理论上讲，我们都能够体验和消费极简主义艺术作品并从中获得乐趣。

国际化的风格超脱了时间与地域（因而消除了地方性差别），而极简主义意在为观者创造一种空间存在感，基于以上两点，可以说，无论这两者差别多大，它们都在寻求普遍的表现形式。普遍主义的表现方式肯定了人所共有的基本审美准则，中和了地方性或当代性知识的参照作用，并因此能够为身处不同时间地点的人们创造审美乐趣。

完全避开当代风格，这是很难做到的，就连包豪斯学派与极简主义者们也同样很难做到。当他们设计自己的作品时，其简洁、适应功能的形式和纯粹的立方体结构在多个方面成为几十年来他们作品的风格，这或许可以说是艺术家（和设计师）的诅咒。每个人都是时代的产物，无法完全脱离所处时代的潮流与风尚。扫除定例，重新开始关注基本形状和原色，将其用作唯一的设计元素——这一过程类似于幼儿园的孩子从一个个字母开始学习到最终能够独立构造和阅读句子——这不太可能。我们的"定见"始终会影响我们设计作品和理解、诠释周围环境的方式。

颜色的通用效应

颜色是物体表达方式的重要组成部分，我们可以构建出一套使用颜色的通用准则，以取代那种象征性的、习得的且具有文化属性的使用颜色的方式。人们天生就对颜色有一致的体验。比如，在感官层面上，人们倾向于认为深色的延展性不如浅色；白色的房间似乎比深蓝色的看起来更大；黑色显瘦，因为我们的眼睛就是这样解读颜色的。再比如，蓝色、绿松石色和青色看起来很凉爽；而相比之下，红色、紫色和橙色则看起来很温暖。与蓝色的椅子相比，人们感觉红色的椅子坐着或摸着更加温暖。与此同时，人们会觉得，青色墙壁的房间比紫色墙壁的房间更冷。

关于色彩理论，一些挑战了色彩象征意义（红色代表爱，白色代表纯真，绿色代表希望等）的美学准则已经为歌德和约翰内斯·伊顿等思想家和艺术家所采纳。在很大程度上，色彩的象征意义具有文化属性，观者必须对相关文化有深入的了解才能正确解读其象征意义。这表明颜色的象征意义并不具备普遍性。

与色彩有关的、具有普遍性的基本美学原则可以帮助我们理解不同的颜色如何影响人类的感官，以及如何创造出构图最为和谐的表现方式。在1961年的作品《色彩艺术：色彩的主观体验和客观原理》（*The Art of Color: The Subjective Experience and Objective Rationale of Color*）中，伊顿为创造色彩和谐与色彩对比建立了指导准则。对于伊顿而言，和谐意味着平衡或对称的构图。他认为，眼睛总在寻找对称，当它追踪色彩对比时，便能从中获取平衡感与和谐感，体验到即时的快感。例如，互补的对比色彩能给人眼带来一种平静的审美体验，因为三原色（红色、蓝色和黄色）都出现了，并且人类天生喜欢三原色的并置。这一偏好可以用下面的例子来说明：盯着绿色圆圈一分钟，然后将目光移到白色平面上，眼睛会产生红色圆圈的错觉（伊顿将这一错觉称为"同时对比"）。绿色是黄色和蓝色的混合，因此，这里三种原色都出现了。

色彩对比可以帮助人们创造出不同类型的颜色和谐，补色和同时对比是七种色彩对比中的两种，其余的五种是色相、明暗、冷暖、色度以及面积对比（伊顿，1997:107）。伊顿认为，我们的感官只能通过比较来理解和处理物品以及表现方式，因此，不同类型的对比可以以不同的强度、不同的方式影响人们的观感。

然而，色彩对比的和谐也有可能被打破。设计师和艺术家们可以选择一种富有挑战性的、动态的、生动的表达方式，以改变色彩面积这一对比类型中的色阶，从而为给定的构图中着色面积最大的颜色（如黄色）留出空间，而这会破坏内在的比例均衡所带来的和谐感。伊顿的色阶理念借鉴了歌德的色彩理论。

与伊顿类似，阿恩海姆也谈到了颜色的比重以及在构图中保持平衡感的重要性，例如，通过给某些颜色留出比其他颜色更大的空间，以满足人类对和谐与平衡的普遍需求。如前所述，人类的目光倾向于在周围环境中寻找体系，因此，设计师、艺术家或建筑师可以依照颜色比重、黄金分割等基本美学原理，来满足人类对体系的需求。因此，从某种意义上说，设计师可以在物体中"注入"满足人类与生俱来的需要和偏爱和谐的潜力，使人们能够轻易地从中获取即时的审美快感。当一件易于理解与欣赏的设计物品呈现在观者眼前时，这一审美快感就产生了，因为人类感官的构造使它能够在这一物品中找到愉悦感。

与阿恩海姆和伊顿类似，俄罗斯[①]画家和艺术理论家瓦西里·康定斯基在他诗意的理论著作《论艺术的精神》(*Concerning the Spiritual in Art*)中讨论了颜色以及它对人类感官的物理影响。康定斯基认为，特定的颜色能够引发"精神震动"，给观者带来物理的，甚至是触觉般的感受（康定斯基，2008:59）。对颜色进行感官的、联觉的分析是康定斯基理论作品的显著特征，下述引文便是例证：

> 许多颜色被形容为粗糙的或黏稠的，另一些（例如，深青蓝色、氧化铬绿和玫瑰茜草色）则被认为是光滑的、均匀的，吸引人们前去触摸它们。同理，暖色和冷色之间的区别也是如此。有些颜色看起来很柔和（如：玫瑰茜草色），而有些（钴绿、蓝绿色氧化物）则很坚硬。
>
> （康定斯基，2008:60-61）

[①] 瓦西里·康定斯基实际上是法国作家，但出生于俄罗斯。——编者注

康定斯基认为，人类对颜色和形状所引发的"震动"的接受程度与他们的心灵敏感度有关。这表明，事物本身蕴含着有一定程度的美或美的潜力，但只有当观者接触物并对审美体验保持开放的态度时，物才能真正影响观者的"精神"。

我对康定斯基的解读再一次回应了前一小节末引自多尔特·乔根森的观点，她指出，美"存在于一个潜在的美的客体和一个主体相遇的时刻。具有美的潜质的客体为主体所见，使美的体验成为可能"（乔根森，2012:35）。但是，用康定斯基的话来说，一个主体或一个人，一个经常遇到"散发着色彩香味的物品"（康定斯基，2008:61）的人，具备什么样的特征？心灵的敏感度是可以习得的吗？

让艺术家（或设计师）们承担起如下任务无疑是理想主义：教导人类保持心灵上的敏感，或者引领他们向审美体验敞开自身，接受美，并从中发现价值。我将在第6章中继续讨论这一有关审美教育的话题。

伊顿和歌德从现象学[3]而非象征主义的角度来理解色彩，康定斯基在某种程度上也是如此。也就是说，他们三个人关注的都是为何色彩及其"比重"或组合/对比会影响人的身心感受,以及颜色在周围的感觉如何,而不是色彩的象征意味或它在审美主体中激起的联想。现象学方法并不考察独属于某一文化的象征价值,因为这些价值是可变的,与人类对颜色的普遍(恒定、永久)体验相对立。总的来说,现象学在寻找人类对于世界及其中物体的共同体验方面做出了很多贡献。如法国哲学家莫里斯·梅洛-庞蒂(Maurice Merleau-Ponty,1908—1961)所言,在理解、领悟世界时,如果身体在认知和沉思之前,那么人们的文化"定见"和内涵框架就不一定会妨碍设计师们创作出审美上可持久的表现方式或物品,它们可以取悦或触动观者,并强烈地影响着他们。实际上,在这一方面,文化内涵是微不足道的。

德国哲学家格诺特·博默[①]认为,颜色可以营造氛围,传达屋子里的某种情绪(博默,2010:28),它们以特定的方式影响人类的身体与心灵。无论人们置身于

---

① 格诺特·博默(Gernot Böhme,1937—):"气氛美学"倡导者,强调事物(审美客体)自身在营造气氛方面的重要作用。他认为,气氛并非某种来自事物外部并环绕在事物周围的东西,气氛本身就是事物自身所营造的。

何种民族与时代，他们都（或多或少）有着相同的感觉器官和身体构造，有鉴于此，现象学方法可以帮助我们建立起一套关于不同颜色的属性和效果的通用法则。

与现象学方法类似，在理解色彩的效果方面，格式塔法则中也包含着人类（无论文化背景如何）体验和接受周围世界事物的各种形态的普遍法则。例如，每个人都会认为，符合黄金分割的构图是和谐的；在物品中使用某种特定的材料能给人以"妥帖"之感，并因此激发最初的快感。如果物品的材料是根据它的形状量身定制的，以匹配它的特征与功能，它将更易于理解与操作。如前所述，威利·奥尔斯科夫提出了惯性这一概念，可以这么说，材料的惯性越小，该物品就更易于领悟、理解与解读。在下一章节中我将继续关注物品的简单解读。

根据上述内容，我建构了"普遍审美准则"。如果设计师们想要创造出给人以"熟悉之物的愉悦感"的物品，激发优美、平衡、和谐且宁静的审美体验，那么他们应当遵循这些规则。

可以确定的是，人眼倾向于简化事物，具备在图像与形式之间建立起联结的本能，但对视野中人物之间情感细微差别的解读是具有文化相对性的。在解读不同于我们自己文化与时代的图像时，这一点需要铭记于心。

（戈特弗雷森，1998:33）

丹麦艺术史学家莉泽·戈特弗雷森（Lise Gotfredsen，1929—2009）所著的《图像的语法》（*Billedets formsprog*）中的这段话表明，有些因素会影响我们感知和解释图像（和物品）的方式。人类寻求建构联系的本能、共同倾向是其中之一，另一个则是观看者的文化背景。在下一小节中，我将更加深入地研究文化背景如何影响我们对物品、图像与建筑的理解以及我们的感官如何为周围环境附加意义。

易于解读的物品

现象学关于人们如何接受或理解世界及我们周围的物品的解读很有趣，因其与熟悉之物的愉悦感以及最具普遍乐趣和美感的表现方式相互联系。从多个方面来讲，现象学方法消除了人与世界及物接触时基于品位的、主观的以及具有文化相对性的因素，将人"还原"为一个感知体。

然而，很难否认的是，作为人类，我们会赋予身边的物品以附加意义，或者换句话说，我们赋予它们过多的联想内容或内涵。杯子不仅仅是杯子，裙子也不只是裙子。杯子可以象征手工艺，象征着缓慢和复古的时尚，但与此同时它也可以象征批量生产、毫无特色。一件裙子可以散发出优雅与独特的气息，但它也可能只是些微地表征着功能性与实质主义。这些都是与文化价值、身份和生活方式相关的词汇与术语。

将物视为各种附加价值与不同信息的载体时，我们实际上正穿行于内涵、符号和神话的领域，所有这些都隶属于符号的科学：符号学。现象学探究与物同在的体验以及物如何影响人类的心灵与感官，而符号学研究解读、诠释物品的方式。符号学关注的是联想、阐释以及习得知识与文化能指，它们在很大程度上影响了我们对世界的理解。我们被教导说，在所见、所闻或所读之物背后有"更多"的东西,因而我们习惯于对周围环境进行诠释。与将某一物,如椅子,视作地位(或缺少地位)的承载物,或指涉某一风格或历史,或象征某一潮流价值相比,将该椅子仅仅视为能给人们带来纯粹的、根植于愉悦或不适的身体体验的物理存在物更加困难。观察世界的现象时,很难不赋予它某种外部价值或意义。正如威利·奥尔斯科夫指出的那样:

> 不论在何种程度上或出于何种目的,大多数人通过语言框架来理解周围环境。按照这种理解,艺术学院的教授们认为,他们最好的使命就是要让学生看见世界,训练他们的视觉观察力,用视觉层面的非知识(non-knowledge)取代他们关于周围环境的"知识"。
>
> (奥尔斯科夫,1999:105)

罗兰·巴特在他1964年的文章《图像修辞学》中讨论了文化"定见"如何决定我们解读、理解现实世界及其中的物品。与某一物理存在物相遇时,我们所能体会到的隐含意义是基于文化背景、信仰、价值观、生活方式以及社交圈生成的——我们的隐含参照系。对于那些希望产品到达某一特定人群或细分市场的设计师而言，理解人们的参照系是至关重要的。

在这种情况下，有必要进一步引用巴特的文章，特别是他关于外延和内涵这两个术语的思考。外延指的是符号（例如，物品或图像）的基本含义，但是巴特指出，外延只存在于理论之中。在现实生活中，有外延则必定会有内涵。外延就是符号本身，没有任何附加的价值或意义。从巴特（或更加宽泛地讲，符号学家）的观点来看，将世界视作一组外延符号——不进行诠释，或赋予它额外的意义，只将它视为由形状、颜色和不同的材料组成——是不可能的。作为人类，我们无法抑制为面前的符号赋予意义和价值的冲动。从符号学的视域来看，这一行为是为了将我们的周围环境结构化、秩序化。我们依赖以前的经验以及个人和社会的信仰来对我们生活中所遇到的事物进行过滤和分类，只有这样，世界对我们才有意义。

然则，外延符号理论，如果可以这样命名的话，在许多方面都与现象学相似。简单来说，用现象学的方式体验世界及其中的物品意味着体验事物本身,无须参照任何宗教的、文化的、习惯的或时间的框架、范畴或内涵意义。内涵类似于联想,但联想属于个体的私人领域,而内涵则与我们的文化"定见"和习性有关,这是我们与其他意气相投的人们共享的参照系。

内涵指的是人类为世界及物品添加的意义。内涵是主体对现象进行阐释的最终结果。如前所述,内涵与联想类似,但它根植于主体的背景、生活方式以及他所生活的时代的精神。例如,向当代西方世界的城市居民展示一条置于质朴的木砧板上的隔夜发酵面包,并配上一罐自制的玫瑰果香蒜酱时,他们最有可能从中得出"悠闲奢华"和"品质"之类的内涵,而不是将其看作"简单的农家食品"。

信息的发出者(或物品的设计师)能够在一定程度上控制或锚定物品的内涵。巴特称之为"语言信息"的理论的一个运用是在分销之前把某些词语贴到物品或产品(物质的或非物质的)上,例如,他们可以采取产品名称或颈标的形式,将该产品系列的概念或设计思路写在上面;除此之外,他们也可以进行线上讲述,对产品的实际体验做出补充说明,以强化宣传效果。

在产品中锚定内涵的另一种方法是将其与视觉元素并置。回到上文提到过的图像:一条置于质朴的木砧板上的面包,旁边是一罐玫瑰果香蒜酱,这幅静物画的视觉构成部分的元素(面包、砧板、香蒜酱)互相补充、映衬。这可以理解为,目光扫过面包时读取的即时内涵(制作面包时的缓慢与谨慎),在它转移并停留在砧板与自制香蒜酱罐上时,得到了确认。可以说,各个构成元素吸引并抓住了观者的思想,防止他们的思绪飘到意料之外的地方。

换言之,巴特所说的"锚定(anchorage)"(巴特,1977:38)与确保预期之中的理解或解读将会发生有关,因此,对于产品的设计过程或发布计划而言,战略性地锚定观者将会读取的内涵(通过仔细考虑产品的语言信息与视觉构成元素,以实物或线上形式展示出来)是至关重要的。

在符号学的世界里,万事万物都是符号。所有的物品都包含意义和信息,只有当接收者理解信息的意义时,该信息才会对接收者产生影响。因此,很重要的一点是，信息的发出者（也就是设计师）洞悉接收者或者潜在客户的内涵框架，也即某一特定文化视之为真理的组成部分。因此，就战略性的设计思想而言，设计师们必须深入研究他们的目标受众，为其量体裁衣，设计出能激发特定情感的作品。潜在客户或顾客相信什么？他们受什么东西影响？他们觉得什么东西有趣、美丽、精致且时尚？他们的消费结构是什么？他们的内涵框架中包含以上所有这些问题的答案，这一框架高度依赖社会意义的交流与文化相关的信念。

美国社会心理学家和文化研究者埃德加·沙因（Edgar Schein，1928—2023）在其著作《组织文化与领导力》（*Organizational Culture and Leadership*）中使用了"先入之见或定见"（沙因，2004）一词。先入之见/定见是指对生活的"隐形"、无意识的认识和看法，这些认识和看法规范了或根植于一个群体的行为及该群体的共同文化。先入之见是如此牢固，以至于群体成员很难理解不同于他们的行为和生活方式。可以说，先入之见就是一种不容置疑的"常识"或"真理"，它几乎决定了群体成员的消费模式和偏好。

沙因的先入之见与巴特对于内涵的理解相似，而且，沙因的理论框架让人联想到巴特的另一个概念：文化神话。巴特用神话来指称同一文化中的人们深信不疑且赖以生存的故事或"真理"，它们决定了人们解读周围环境的方式。"唯一"神话即是其中一例。关于"唯一"的先入之见或神话主导着大多数好莱坞大片和西方浪漫故事。但是，这种神话，即每个人都只有一个完美的浪漫伴侣的神话，对于包办婚姻的文化来说是完全陌生的。在这种文化中，人们最基本的定见是，婚姻能够正常运转是因为配偶是提前择定的，且双方家庭的规划、道德规范以及愿景都很般配。

宗教中充满了神话。比如，想想亚当和夏娃及其堕落的基督教神话。这种神话故事讲述了某种"真理"，这意味着相信该神话的人认为它是真的。也就是说，质疑它的真实性，或援引达尔文的理论来质疑伊甸园作为人类及其苦难的起源的真实的地方，都是没有意义的。从某种意义上来说，神话或定见是不可辩驳的，它们排斥所有与论证相关的基础理论。你要么选择相信它，要么选择不信。

所有神话和定见都有一个共同点,它们对人类是如此重要,以至于被认为是"大写的真理"。因此,很难反驳这些神话和先入之见,也很难向对此深信不疑的人解释("事情就是这个样子")。研究某一设计或产品的特定目标群体时,该群体主要的先入之见会自动浮现,因为群体成员找不出合理的解释来说明他们的好恶:"手工制品更好,因为……好吧,它们就是更好";或者,"人们的工作应该反映他们的激情,这是既定的道理"。通常而言,对于信服此类定见并将其视作自身身份不可分割的部分的人而言,反对意见——比如,"手工制品歪歪扭扭,到处都是小瑕疵,不如大批量生产的商品好";又比如,"更加合理的做法是使用一些不那么费力费时的东西,从而更轻松地将工作与休闲生活以及家庭生活分开来"——几乎不起作用。

了解目标群体的先入之见极其重要。例如,如果目标群体认为手工制品本身就是美的,那么作为设计师,他的任务就是分析为什么会这样。在这一方面,一个较好的着手点是,深入研究受众所在的"神话领域"或所属的意义共同体中盛行的标志性的当代神话或定见。

在手工制品的特定例子中，这一先入之见可以是手工艺体现着人性与真诚、时间与机巧，在我们这个时代，这些价值都是稀有商品。因此，它们可能被视作独一无二的，因而也是美的东西。设计师们得出这一结论，解释了受众的价值观念和需求后，下一步便是弄清楚具体的设计或产品应当如何适应这些价值观念与需要。设计师们或许可以将笔迹或者其他形式的"手迹"融入设计中，凸显作品中体现的缓慢和时间的流逝，也可以将设计概念背后的工艺与劳动转化为故事，通过这种方式使作品脱颖而出。

如果设计师的目标是创造出能在受众之中激发"熟悉之物的愉悦感"的作品，那么，从符号学的视域来看，他必须将一个易于解读的象征价值纳入到作品中。"熟悉之物的愉悦感"并不是由复杂的语言信息或达达主义式的视觉元素并置引起的，而是由立即就能读懂的设计形式或熟悉的标记引起的，它唤醒了受众的内涵框架和他的神话、定见体系。换言之，受众的先入之见必须在作品中得到确认或巩固。

设计师可以通过使用熟悉的或"惯常的"标记创

造易于理解与接受的附加值。受众必须在他/她的舒适区内感到适应、得到满足——个体的定见与推测需要得到证实，但这只有在信息的发出者（设计师）准确地研究、分析受众眼中关于世界的真理之后才能实现。换句话说，设计师们需要"填充"受众的舒适区，填满所有的裂缝，这样一来就不会让人感到不适、陌生；受众的价值体系能够立即捕捉物品的含义。审美体验必须是熟悉、舒适、积极且直接的。

因此，在创造熟悉之物的愉悦感时，懂得如何支持而非挑战受众对世界的先入之见至关重要。表现方式和材料选择必须符合"常规"，这意味着，例如，服装设计中不应包含任何不明晰的线条、接缝或非功能性的元素；一件家具不应与我们（西方）通常的坐姿相抵触；产品的名称不应偏离它的用途或功能，这将延长理解物品的过程；产品材料不应混淆人们的感受，如，当人们期待获取温暖的感受时，不能为其营造凉爽的感觉。设计的象征价值应当清晰易懂；物品的审美样式应当参考目标群体中的关键神话与价值观。做到这一点有助于愉悦感的创造，观者能立即感受到自在、舒适，被理解，他的信念也得到了肯定。

家一般的熟悉感

于我而言，家一般的熟悉感就是，在凉爽多风的秋日散步，夹克口袋里放一个栗子，手握着它，感受它慢慢吸收我手掌的热量。这种整体的熟悉感由多个方面组成，但它们的共同点在于都与身体相关：栗子贴紧我手掌时的光滑感，羊毛大衣口袋的温暖，我步态的节奏，还有秋风吹过脸庞时刺骨的寒冷。它们综合成一种触觉体验，或者可以说是一种触觉层面的对家的体验。它们创造了一个和谐稳定的画面。用一个不太合适的术语来说，"熟悉因素"在这里很突出。接续前文关于普遍性审美准则的讨论，这里面有一种体验到外部世界的"行为"正符合我们预期时的强烈愉悦感。舒适的、像家一般的愉悦感的主要特征是它不费力，也不违逆我们的想法，而是肯定、悦纳它。换句话说，我们这里谈论的愉悦感是指我们对于周围世界的看法与期待得到了印证，以及物品让我们在世界上感到自在。这种熟悉的体验给人的感觉是，世界是熟悉、可预测的、舒适的。家一般的熟悉感不断往我们的舒适区注入精神养分。

上述对口袋里的栗子的描述是一种审美体验，这是因为它是愉悦的、与触感相关的；它让所有的一切都显现出了更高层次的目的，提升了它们的存在感，或者说，强化了归属感。索伦-乌尔里克·汤姆森[①]在其诗集《最糟糕的与最美妙的》（*Det værste og det bedste*）中描绘过类似的经历："穿上体面的灰色西装，令人沮丧的不安变得可以忍受，上帝的沉默将仇恨的咆哮抵挡在门外，那就是最美妙的"（汤姆森，2002.）。这种心理统合感通常与记忆以及身体或感官体验有关。或者，从汤姆森的例子来看，它也可能与某种人工制品的体验有关，例如，体面的灰色西装或有宽敞、温暖的大口袋的舒适的羊毛大衣，它使人们在一切都失控了的日子里也有可能鼓起勇气面对世界。我们所穿的衣服或周围的东西支撑着我们，提升了我们对自身的认同感。

感性体验，如：手掌紧贴着栗子的光滑表面；双手

[①] 索伦-乌尔里克·汤姆森（Søren-Ulrik Thomsen，1956— ）：丹麦诗人、散文家。

插在外衣口袋里；风拂过脸庞；脚踩着靴子以及有节奏地沉思着漫步，这些都是触觉性的，但也可以与味觉、听觉或嗅觉相关，这些体验让人忘记了时间的流逝。过去与现在融合为一个瞬间，它攫住我们，化为永恒。它就像生命之曲的副歌，凝聚起看似微小的事件和散乱的生命诗节。在这一刻，我们与世界融为一体；自我与世界的界限在那一刻被悬置了，清晰的视野，更确切地说，清晰的"感觉"，目的感、统合感和凝聚感随即产生。有宗教信仰的人可能会毫不犹豫地将这种体验描述为天启（revelation）。

普鲁斯特的《追忆似水年华》的第一卷中的一段话最为清晰地展现了感性审美体验与感受的要素。他在此处描写的生命的愉悦、快乐以及统合感是我之前称作"口袋里的栗子"的这一生命"副歌体验"的主要特征：

> 带着点心渣的那一勺茶碰到我的上腭，顿时使我浑身一震，我注意到身上发生了非同小可的变化。一种舒坦的快感传遍全身，我感到超尘脱俗，却不知出自何

因。我只觉得人生一世,荣辱得失都清淡如水,背时遭劫亦无甚大碍,所谓人生短促,不过是一时幻觉;那情形好比恋爱发生的作用,它以一种可贵的精神充实了我。也许,这感觉并非来自外界,它本来就是我自己。我不再感到平庸、猥琐、凡俗。这股强烈的快感是从哪里涌出来的?我感到它同茶水和点心的滋味有关,但它又远远超出滋味,肯定同味觉的性质不一样。①

(普鲁斯特,2004:98)

如前所述,身体对于外部世界的体验具有普遍性,在某种程度上,它消除了文化与社会差异。我们都有相同的感觉器官,以大体上相同的方式体验着环境与物品。这一身体的或感官的审美焦点包含有某种人类的共性,它对于可持续这一概念意义重大,因为后者无视主观性,它关注的是能否制定出创造超越时间与空间的愉悦之物的指导方针。

我对童年的家的记忆、待在那里的感觉,在很大

---

① 此处以及下文中出自《追忆似水年华》的引文,其翻译参考的是译林出版社出版的全译本译文。——编者注

程度上是物理性质的。我的记忆尤其与触觉相关：我记得走在房子里的感觉。更具体地讲，我记得脚底下的地面的质感的变化：剑麻、木头和瓷砖，我的记忆如此清晰，以至于我可以回忆起赤脚踩在剑麻地毯上的粗糙感、硬木地板的光滑，以及缸砖的凉爽（因为有了这些体验，我一直更喜欢光脚走路）。回想起这些感官记忆能够唤醒一些我无法通过其他途径获取的情绪体验。这些记忆可以被称作感官体验：

家的感觉不仅仅是讲述关于某个地方的故事或记忆。记忆和主观体验经由感官事件——气味、吱吱作响的楼梯——来表达，还通过不同的地方，尤其是家，给我们留下来的印象来表达。

（比勒与弗洛尔·索伦森，2012:105）

身体的记忆与语言无关，它们是时光旅行的交通工具，由类似的身体体验在瞬间被激活。这种记忆能引发一系列的启示、联想与感受。

最小惯性体验

设计师可以通过创造出材料与形状二者间呈最小惯性关系的物品，充分"发挥"记忆的物理、感官力量（同时也注重熟悉之物的愉悦感）。此处的惯性概念来自威利·奥尔斯科夫。材料的惯性指的是按照某一方式对某一材料进行塑造以使它与所制成的物品的形状相匹配时该材料的抗性。如果一种材料的惯性很大，它就不是很服帖，这意味着它必须经过加工处理才能适合物品的形式。相反，具有最小惯性的材料能轻易呈现出物品的形状，它能不费力地形成所需的形状，与物品相贴合。

观察或触摸最小惯性材料制成的物品时，人们（通过自己的感官）便能立即知晓材料如何被塑造为这般形状。没有什么令人感到疑惑的东西，因此，材料并不是需要去理解的内容之一。奥尔斯科夫是一位现象学家，他点明了至关重要的一点：当我们通过目光、身体或感官与物相遇时，我们专注于物品的探索而非解读（参见上文符号学小节）：

探索物品显然不同于评判或诠释物品。评判物品、将其范畴化时人们关注的是它在一个预先建立的价值体系中相对于其他物品的等级和次序,而理解物品的前提是不涉及、无视价值体系。……与此同时,诠释使物品变为沉思、幻想、联想、指涉(也就是对物品进行心理分析式解读)的附着物,而探索的行为不会给物品添加任何它已经存在的物质以外的东西。

(奥尔斯科夫,1987:77)

从奥尔斯科夫的观点来看,探索物品意味着与物品同在,和它共享一个空间并去体验它;与此同时,不赋予它任何附加的抽象意义,让它免于背负各种文化价值和主观内涵加诸其上。一把椅子并不是身份的象征物,也不是象征着"时下流行的实体主义"或"千篇一律的大规模生产"的符号。相反,它只是一把椅子,由底座、结构和支撑物以及具有一定程度的惯性材料组成,材料或隐或显,这取决于物品的设计形式。奥尔斯科夫将材料以最纯粹的方式呈现自身的现象称作"材料浪漫主义（material romanticism）"（奥尔斯科夫，1987:90）。如果对木质材料进行涂刷或装饰，使其孔洞不可见，纹路不可触，那么此时材料就被"隐形化了"。相反，材料浪漫主义注重凸显木材的孔洞和复杂纹路，将它视作物品表达方式的必要组成部分。当然，木材即使经过涂刷或装饰，人们也依然能看出它是木质的，但是材料浪漫主义认为，如果材料的特质能够如其所是地展示出来，将更有利于感官第一时间探索明白。

设计师如果想要给予受众一种能激发熟悉之物的愉悦感的审美体验，唤起家一般的熟悉感，那么他需要考量材料与形状（作为整个设计过程的组成部分）的适配程度。材料能否轻易适配物品的表现方式所要求的形状？为了让人们在探索物品时体验到最小的惯性，激发熟悉之物的愉悦感这一触手可及的快感，物品的形状或表现形式必须展现出视觉与触觉上直接的共生关系。我的意思是，物品的材料与形式给人的直接体验不能有任何含混或模糊之处，材料明显是依据物品的形式而选择的。话虽如此，设计师也依然可以选择隐形化了的材料，只要它与正在设计中的诸如衣服、椅子、靴子或盘子之类的物品相适配。例如，设计夹克的时候，材料应该是柔软的（羊毛、绒面革或某些纺织品），并与夹克的形式以及主要功能相匹配：包裹身体。因此，人们不会考虑用塑料、木片或柳条制作夹克。设计桌子的时候，必须使用能够承重的固体材料（木材、金属、混凝土），泡沫或针织等材料则是不适用的，因为它们所制成的物品的表面都很柔软。

此外，为了符合最小惯性原理，材料必须能够轻易地适应物体的形状。它必须是服帖的。这意味着如果物品的形状是弯曲的，材料也必须以一种简单的方式"配合"这种形式——也就是说，按物品的要求弯曲。同时，重要的是，设计师需要向人们展现出材料的韧性。例如，如果设计的椅子有锋利的边缘，那么就应使用不易弯曲的材料，如木材或金属等。但如果情况相反，椅子意在展现有机形态和拱形线条，那么就应使用塑料或柔软的刨花板，因为这些材料给人的印象是它们能完全适配物体的形状；此时，受众便能体验到物品的最小惯性特征。

最小惯性体验给人的感觉是，材料展现出了它自身的全部自然特征和潜在用途。为了与某一形式适配，它不需要经过人为的操控、加工或制作，至少程度不高。需要做的就是，让它尽其所能。最小惯性材料依然可以是隐形化的，但就其形式而言，最小惯性体验的特征是让人感觉到，材料被允许选择最适合它的形状。从体验主体的视角来看，材料似乎引导了设计师或艺术家，在创作过程中，它"告诉"他们最适合它的形式是什么，将它塑造为哪种形式时它的抗性最小。

借鉴熟悉之物的愉悦感，以满足、丰富受众的期待时，物品必须是易于探索的。对于物体的"行为"或给人的感觉，体验主体的身体或感官期待需要得到满足。双手抚过它的表面时感觉如何？将它举起来呢？是轻是重，结实还是柔韧？这一体验中不应包含触觉或视觉上的意外，或者说，物品的审美效果不能突破受众的舒适区。

人类的记忆力以及在事物之间建立联系的能力与体验的自在程度密切相关。我们的认知能力可以将表面上微不足道（或十分寻常）的、随机的事件联系起来，创造出具有美感的、不对称意义的、混杂的拼贴。意义，即使短暂、转瞬即逝，也深刻影响着人们在世界上的自在体验。这也正是它具有与熟悉之物的愉悦感相关的审美体验的特征的原因所在。物品承载着记忆，可以营造出家的感觉；我们将美好、舒适的物品放在身旁，以营造气氛，彰显出我们是谁以及我们代表着什么。此外，我们往往尤其在乎那些对我们有特殊价值（可称之为情感价值）的东西，因为它们能重新激起那些我们十分享受的心理状态。

让人感到自在、承载着记忆的物品是神奇的，它们散发着某种"灵韵（aura）"。在之后的章节里，我将再次讨论灵韵和神奇这两个概念，它们通常与感受、情绪、记忆相关，但是，在创造身体和感官上的自在感方面，神奇的物品同样发挥着重要作用。就像口袋里的栗子一样，神奇的物品能够创造舒适感和安全感，而这正是归属感与存在感的特征。

并非所有的物品都要挑战我们的感官。只有在有意义的情况下，设计的物品才应挑战受众的感官。设计中不必要的挑战只会激怒受众。例如，大多数的厨房用具和辅助工具主要是功能性的物品，它们应当在使用者身上激起熟悉之物的愉悦感。这些物品的形式应当符合人们对其运作方式的预判，因此，设计材料也应有利于形式的形成，表现出最小的惯性。厨房物品的用途应易于知晓、最好一目了然，这样使用起来就不会有任何困难。例如，如果搅拌碗的设计师想要挑战用户，那么他应当在最低限度内进行操作——他也许可以稍微"扭曲"形状或者使用不那么常规的材料，但与此同时，使用者搅拌食材的便利程度最好也能够得到提升。搅拌碗应该像最初设想的那样便于使用（参见柏拉图关于最具美感的勺子的构想，他认为，最适合做勺子的勺子是最具美感的），除非设计意图是创造一种陈述或雕塑，以在厨房中彰显某种身份或地位。如果是后一情况，那么关系到的将是我在下一章节中称之为陌生之物的愉悦感的那种快感。

结　语

　　与熟悉之物的愉悦感相关的审美可持续性具有如下特征：它永远不会令人感到厌倦，就像那些陪伴我们一生的神奇之物，或者那些我们一直保留并精心照料的美好物品，因为它们与生活中的一切其他东西相契合。这些物品完善了我们的自我意识（或理想中的自我）。

熟悉之物的愉悦感与优美这一审美体验密切相关，因为它为审美主体提供了即时的舒适感，使得他们相信世界上的一切事物都与期望中的完全一致。在熟悉之物的愉悦感中，我们与自身相遇。这一说法可能听起来很奇怪（因为怎么可能与自己相遇？），尽管如此，它意在表明，我们要直面自身——我们代表着什么，我们是什么，作为人类我们拥有什么——尤其是我们对外部世界的期待与定见：对于表象的基本的先入之见。这一审美体验肯定了个体的自我感，即在某一地、某一群体中的归属感。一方面，我们可以仅仅通过现象学的方法来理解上述这一点，比如，审美体验如何能够满足身体和感官对于所遇的环境和物品的期待；另一方面，我们也可以仅从象征意义的角度来理解，比如，当与能够激发审美体验的物品或概念相遇时，我们对外部世界的、文化和社会方面的定见是如何得到了证实。

注释

1 惯性一词的使用沿袭了威利·奥尔斯科夫于1966年在《探索物品》①中对该术语的使用。本书后文将进一步阐述奥尔斯科夫的理论。
2 包豪斯学校是一所德国的设计、艺术和建筑学院,于1919年在魏玛成立;1925年搬到德绍;1932年迁往柏林;次年纳粹将其关闭。
3 通常而言,现象学致力于探索事件或物品的物理、感观品质,而非它们的象征含义。

---

① 原书名 *Aflcesning af Objekter*,英文版书名 *Detecting Objects*,本书主要参考的是1999年英文版本——编者注

第二章
陌生之物的愉悦感

陌生之物的愉悦感在很多方面代表了优美这一审美体验的对立面，在另一些方面，它构成了后者的先决条件。将这两种审美快感孤立起来讨论是没有意义的。挑战自我的边界或被迫面对全新的体验可能会很愉悦，但与此同时也可能让人感到很不舒适。同样地，生活中的新转折可能既充满诱惑又令人生畏。无论如何，通过超越自身的期待以克服障碍，这是相当振奋人心的。

在感知世界时，我们常常认为许多事情是理所应当的：例如，桌子有凉爽、光滑的表面；裤子有两条裤腿；戒指是圆的；椅子有四条腿；帽子戴在头上；裙子必须有修身的轮廓；杯子可以盛热的液体，放在嘴边感觉均匀而光滑。当面对违背寻常期待的物品时，我们被迫（可能只是片刻）停下来思考正在发生的事情。此间持续的时间与物品的复杂程度有关。无论这一刻持续几分钟还是几秒钟，这一体验都会以不同的方式挑战、激励我们。如此一来，原本主导着我们与周身物品相处方式的定见被拉伸、扭曲、扩展了——也许片刻之后它恢复了熟悉的样子，但也有可能它被永远地改变了。

与复杂、不寻常的组合相关的审美体验——下一小节会讲到这一点——吸引、震撼着我们，它有意地挑战我们的期望。如果这一挑战不是有意的——如果我们被物品弄糊涂了；不知道如何使用它；或者，考虑到物品的可能用途或习惯用法，选用的材料并不合适；且与此同时，物体并不能振奋人心或提供审美滋养——那么我们面对的将不是审美体验，而是糟糕的设计体验。

有些物品不能立即被理解或解读；相反，它们挑战了我们对事物进行概念化、概括、组织的迫切需要——这样的遭遇冲击着我们的想象力。当遇到复杂的、组合形式出乎预料或至少在某种程度上扰乱了我们对外部世界期待的物品时,我们被迫停留在当下这一刻,试图捕捉和理解面前的事物。我们的意识被迫"延展"了。

从某种程度上来讲,被迫接受挑战的体验让人感觉很不舒服,但这种不适感中也包含着特殊的快感。人类天生需要挑战和鞭策。这一需要可能强于、弱于或者等同于对安全、秩序、和谐、家和熟悉感的需要。对于人类的体验来说,偶尔让自己的先入之见受到挑战的需求至关重要,基于这一点,可以说,陌生之物引发的愉悦感也是"持久的"或可持续的。因此,具有挑战性的(设计)物品也可以是审美上可持续的。

没有挑战,人类的精神就会停滞不前。没有挑战,人类就无法进步或进化。挑战迫使我们形成、改变并重新形成关于世界的见解,拓宽自身的意识和视野。挑战性的审美体验能够引发陌生之物的愉悦感,它与崇高的审美体验有很多共通之处,下一节将围绕崇高这一概念展开。

在德国哲学家弗里德里希·席勒(Friedrich Schiller,1759—1805)看来,仅仅体验美与和谐——没有崇高之中显著的混沌现象的体验作为对比——人类将会被局限在具体、可感知的现实中（席勒，2010:128-129）。执着于熟悉、安全和易于理解之物，不去寻求挑战，人类将停滞不前，进而走向不自由。席勒将崇高与混乱或无限的体验联系起来，只有崇高才能将人类从沉睡中唤醒，提醒人类充分发挥潜能。因此，人们需要时不时地面对现实中的混乱因素。一次崇高的震撼便能撕碎席勒所言的"幻象的面纱"，让人在一瞬间体会到"大美（true beauty）"——这是理念之美，而非身体或感官所体会到的或物质现实的美（皮尤，1996:117）。在崇高的审美体验之中，大美与崇高融为一体。例如，对于无限的高度或无边界的体验能够引领人们直面超出自身的及时感知限度的事物，这就是为什么这种体验似乎能让人体会到自由的感觉。崇高的特殊价值在于，它能够挑战和激发人类的体验，使人们摆脱与熟悉、安全相关的被动状态。

每个人都可能有体会到优美与崇高的瞬间，但席勒认为，审美教育能提升人类对这类体验的易感程度。艺术家应当充当这类审美教育的先锋。这样，席勒就将理想主义寄托在艺术家身上，这一理想主义也可以传递到设计师身上。如果设计师能够为人类的审美教育做出贡献，使他们更易于接受美的滋养，那么他就承担起了自身的责任，这与前文所述的观点密切相关：设计对象的首要功能并不一定完全是实用的或建立在需要的基础上[1]。也就是说，设计对象的首要功能理所当然可以是审美性的。

在结束之后的很长一段时间里，崇高的审美体验依然在体验主体的脑海中挥之不去，尽管体验本身发生在片刻之间。可以说，这一体验或多或少会影响审美主体对于世界的感知。无论程度深浅，崇高的体验都能打动体验主体。伴随崇高体验而产生的灵魂震颤可能很轻微，可能只是让人觉得被轻轻"戳"了一下，但它也可能很深刻，在体验主体的心灵中留下了永久的变化。

图1展示了崇高体验强度的变化：

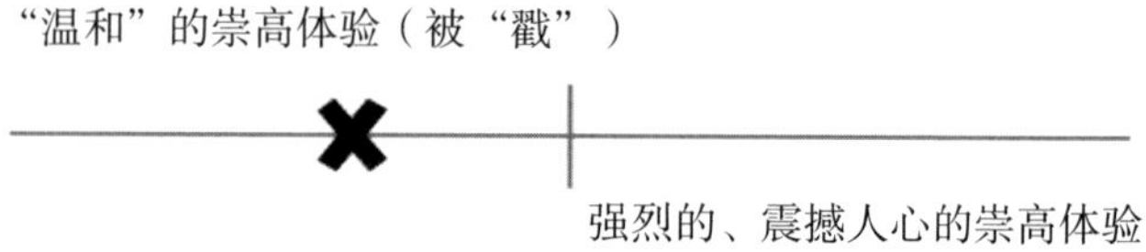

"温和"的崇高体验（被"戳"）

✖

强烈的、震撼人心的崇高体验

图1 崇高的审美体验的变化程度

设计师们应当根据所设计的产品的类别以及设计的目标或产品的潜在受众，在比例尺中寻找最合适的落点。例如，如果设计的是厨房用具，那么追求强烈的、震撼心灵的崇高体验可能没有多大意义。相反，如果目标是稍微"扰乱"受众对厨房用具的先入之见和习惯用法，那么设计出易于理解与使用，但材料并不遵循惯例或形状背离常规的物品，例如，洗手盆，那么它将会在某种程度上触动受众，迫使他们在日常生活中停顿片刻。

设计师们必须熟悉普遍或通用的审美规则（对称性、色彩和谐、黄金分割、最小惯性的材料体验等），并在能够突破它们之前练习运用这些规则。第1章中关于熟悉之物的愉悦感的讨论表明，可以制定出一系列的指南，来指导人们设计出能够满足人们对秩序、结构、舒适的基本心理需求的物品。这些指南为打破令人舒适的审美设计以挑战使用者的期待的事业奠定了重要基础。下面关于崇高与陌生之物的愉悦感的讨论将会说明应当如何有意识地挑战并突破普遍或通用的审美规则，以满足对立的、但同时也是存在于人性之中的对于无序与混乱的根本需要。

崇 高

上文提到过，优美与崇高的区别在于秩序与混乱、对称与不对称、可预测与不可预测、有界与无界、有形与无形、匀称与不规则以及滋养人类舒适区与挑战或突破人类舒适区的审美体验之间的区别。优美与崇高既是区别对立的，又是相互依存的。从某种意义上说，它们代表了美学的阴与阳。二者本质上并不相同，但却相互依赖。例如，如果不理解不对称，谈论对称就没有意义，就像不参照和谐的对立面就无法完全理解和谐一样。

在18世纪的美学和哲学论文中，崇高概念占据显要位置。正如上一章讨论美的时候提到的那样，崇高通常被认作古典美的对立面，因而被视为无形、混乱、可怕、陌生的东西。崇高是均匀、对称和优雅的对立面。英国评论家约瑟夫·艾迪生（Joseph Addison，1672—

1719）首先指出了优美和崇高两种审美体验之间的差异。然而，亚里士多德（前384—前322）约在公元前335年就已经在《诗学》中提醒人们关注审美体验的多面性。他从净化（catharsis）²的角度讨论了美学的本质，谈及了人类如何被情感释放的时刻所吸引，甚至从中获得慰藉的奇特现象，如，人们被感伤的戏剧（或电影）感动到落泪。在亚里士多德看来，尽管情感性质不同，面对可怖的艺术作品时所体验到的震颤或厌恶也被视为净化。显然，可怕或可怖之中蕴含着一种明显不同于"纯粹"愉悦的快感。

简而言之，"净化"一词指的是精心编排的悲剧对观众的影响。它是一种灵魂或思想的净化，与怜悯和恐怖联系在一起（亚里士多德，1996:32），需要将剧烈、痛苦的激情转化为内心的平衡、冷静或高尚。为了实现净化之效，亚里士多德指出，观众必须与悲剧表演保持一定的距离，一段既不太近也不太远的适当距离。如果戏剧表演中观众与舞台距离过近，被台上的表演深深吸引，以至于忘记了自己其实可以免受舞台表演的影响，那么他们就会迷失在戏剧中，被全方位的恐惧以及由之产生的对戏剧主角的同情所裹挟。然而，如果观众与舞台距离过远，他们的心灵将难以感受到触动——对他们来说，舞台体验显得既无关紧要又毫无效果。与此相反，适当的审美距离能影响观众（亚里士多德眼中悲剧的观众）的情绪，但其强度是可察可控的（舍夫，1979:59-61）。只有在体验主体与冲击性的舞台表演之间保持适当的距离时，崇高审美体验中震撼心灵的快感才会发生。

经由一出"好"的悲剧，观众从痛苦转变为心境高尚、平衡。悲剧的观众可以经历各种逆境：不幸的爱情、生与死、仇恨、失恋、悲伤等，但不用完全屈从于情感的力量。他们舒适地坐在剧院的椅子上，在安全的距离内追随、体验、质疑、检验、感受正在上演的苦难，（最好）还能为之落泪。当悲剧的净化效用结束的时候，他们可以起身离开，带着因刚刚目睹的虚构经历而重新焕发的活力以及净化了的灵魂和心灵，去世界之中冒险。

在这里，我们发现了一个与崇高的审美体验和陌生之物的愉悦感密切相关的关键点：体验主体必须能够重新找到归"家"的路。体验的目的不是完全迷失自己，或者放下一切，屈从于狂喜的诱惑。崇高的审美体验只允许片刻的自我迷失；这是短暂的迷失，会在适当的时候恢复。

秩序—混乱—秩序

崇高的审美体验的过程或结构类似于经典的成长小说中的"离家—归家"进程，其结构如下："秩序-混乱-（全新的、提升了的）秩序"。在这两种模式中，人们最终都能收获某种回报或奖励。被混乱的力量震慑以后，人们需要在适当的体验时间后被再次带回到安全（"家"）中。

在写于1757年的《关于崇高与优美之观念起源的哲学思考》（*A Philosophical Enquiry into the Origin of our Ideas of the Sublime and Beautiful*）中，埃德蒙·伯克将崇高与广阔的、令人敬畏的（自然）体验相联系。受这一观点的启发，人们可以描绘出一幅风景优美的、愉悦感官的画面来说明崇高的审美体验，在那个时候，人们倾向于将这一画面与自然联系起来。这一场景是这样展开的：一个漫步者正在攀登陡峭的山坡，最终到达山顶；目光所及景色壮丽、令人叹为观止，让他感到自己无比渺小。大自然的辽阔与力量将他征服了。突然，乌云密布天空。他迅速躲到岩石边的洞穴里，从那里他可以安全地观察外面的景象。暴风雨袭来。雨、冰雹、闪电从天空中爆发而出。他感觉到危险逼近，情况势不可当，严重程度之深足以使他麻痹。但是，威胁似乎立刻消失了。他意识到实际上并没有任何生命危险；洞穴庇护着他，暴风雨终将过去。自然的力量不再令人生畏，开始显现出它迷人的一面。宽慰与平静的感觉涌上心头。他的感官刚刚还处在麻痹的状态，这会儿感觉开始增强。不同的气味、声音和景象都更新了他对自我的体验，心情上的转变进一步加深了这种体验。借助理性的力量，漫步者在危险面前取得了胜利。

从结构上讲，上述关于崇高的叙述从秩序开始，转向混乱，最终又转向了全新的、提升了的秩序：

1.秩序：爬山被描述为一段一切尽在掌控之中的体

验的起点；漫步者刚刚征服了一个陡峭的山坡，领略了山坡下的壮丽景色。

2.混乱：然而，片刻之后，混乱袭来。暴风雨残酷地将漫步者推离舒适区，让他看似失制并迷失自我。

3.（全新的、提升了的）秩序：在洞穴中找到庇身之所后，漫步者体验到了一种新的安全感，这种体验使他产生了一种能够将刚才看起来如此危险和可怕的事情合理化的幸福感。他的感觉开始变得强烈，逐渐扩展、延伸开来，生发出一种充满活力和存在的感觉。可以说，前一瞬间的迷失自我产生了净化之效，改善并提升了他的自我。

这三个过程是崇高体验的准确概括。

从审美上可持续的设计体验这一方面来考虑的话，伯克关于崇高的观点可以"转译"如下：

想象一下你站在扶手椅前。它看起来舒适、柔软，似乎有软垫，它那温暖的梅红色当即印证了这一猜想。它看起来好像覆有一种类似于羊毛的材料。然而，当你上前触摸材料的时候，当下的触觉期望就会受挫。手指滑过椅子表面的时候,你感到困惑、迷茫——椅子冰冷且粗糙。靠在它上面的同时,你意识到它比预期中的更重、更坚固。实际上,很难挪动它。你开始用手更细致地探索它,但却并不能马上熟悉它的材料。你继续探索,坐了下来,体会到一种坚硬、冰冷且粗糙的感觉。过了一会儿,你突然想到,椅子是用染过色的模制混凝土制成的。这一体验使你懂得椅子实际上可以用混凝土制成,在身体和感官层面给人以沉重、粗糙、冰冷之感。

以上内容准确地概括了陌生之物的愉悦感。

崇高的恐惧感

在18世纪,关于美的本质以及审美体验的哲学、美学思想蓬勃发展。伯克提出,新古典主义艺术家(参照希腊时期的世界观)追求的古典美理想执着于对称、和谐与秩序,并不能囊括美的所有方面。他使用崇高这一概念来指一切超出古典美范畴、但能唤起审美愉悦的事物。

为了区分优美和崇高,伯克套用了两个基本的情感类别：痛苦和快乐。痛苦与恐怖或恐惧有关，是人类自我保存的本能驱动力之一，而快乐和愉悦则以性别化、社会化的形式依附于人类（布罗格、布达尔与海因森，1985:7-8）。伯克将崇高与自我保护和痛苦联系起来，与此同时，他将美的体验置于社会与集体的领域。因此，与美相比，崇高本质上是反社会的情感。崇高只能独自体验，且崇高体验总是主观的。与此相反，美则是可以与他人共同欣赏、赞美的。

伯克认为，现实生活与艺术中一切能激发恐惧与恐怖的东西都是人类心灵所能承受的最强烈的情感——也就是崇高的基础。恐惧尤其能在意识心灵中激发出伟大的想法：

> 任何能够唤醒痛苦与危险意识的事物，也就是说，任何可怕的，或与之相近，或以类似于恐怖的方式起作用的事物都是崇高的源泉。这意味着，它们能激发出人类心灵所能感受到的最强烈的情感。
>
> （伯克，1958:39）

在伯克看来,一切情感上的贫困——空虚、黑暗、孤独和寂静——都是崇高的,因为它们使人们担心这就是一切,它们加剧了体验主体的感官活动。除这些情感上的贫困外,无边无界之感也可以是崇高的,因为当我们无法立即把握世界的整体性和连贯性时,心中就会充满恐惧(伯克,1958:71-73)。恐惧总是由超出人类经验的力量引起的。伯克认为,人类从不会自动屈服于恐惧。

崇高的物体或现象困扰着心灵,因为它们过于强大、美妙,太过无形、晦涩,以至于不能立即被捕捉、理解。因此,它们让人类的想象力感到害怕。人类偏爱优美,因为它可以被立即理解、捕捉:它平易近人、通俗易懂、易于探索(散发着熟悉之物的愉悦感)。与此相反,崇高带来恐惧,它似乎超越了人类,比人类看起来更伟大。

因此,在伯克的理解中,恐怖、惊骇、恐惧和痛苦都是崇高体验中的关键因素。但同样重要的是,崇高的情绪出自想象,因而不是由真正的威胁引起的。从这里可以看出,崇高与亚里士多德的净化有异曲同工之处，正因为是虚构的，它才能为体验主体提供情绪上的释放。

威胁人之性命的东西是没有什么崇高性可言的（同理，糟糕的设计并不能提供任何具有挑战性的审美滋养——关于这一点的内容，详见第三章《审美灵活性的表达》和第六章《可持续美学的价值》）。正是危险之表征、或对个体舒适区的短暂介入，激发了崇高体验，启发观者或使用者的心智，使之感受到意识上的开阔和感官上的刺激。正是从日常生活及其先入之见中剥离开来时，体验主体在一瞬之间或片刻之间经历了成长（Bildung①），这一成长的主要特征就是从秩序走向混乱再走向一种新的秩序。

需要注意的是，崇高之中不仅有恐惧等负面情绪，还有愉悦——它甚至超越了能够在优美之中轻易获取的那种愉悦。尽管如此，如果想让恐惧带来愉悦，或者，如果想要催生从痛苦到享受、从混乱（返回）到有序的

---

① Bildung：德语词，对应于英文的cultivation，development，growth等词，有"品格的培养""知识、教育""成长"等意。成长小说（Bildungsroman）一词的前缀即来源于此。

连锁心理/情绪反应变化，那么体验主体需要与引发恐怖情绪的威胁保持一定的距离。威胁和恐惧本身都不是崇高的。纯粹是因为体验主体处在安全的位置上——也就是说，与威胁性的物品或情境保持了一定的物理或艺术距离——恐怖才得以显现出令人愉悦的一面。

可以说，伯克式的崇高体验包含一种舒适的恐惧，它居于想象中的死亡和绝处生还之间。崇高体验到达高潮时的特点是，负面事物消除之后，强烈的情绪油然而生。伯克称这一强烈的情绪为"喜悦"（伯克，1958:36）。在伯克看来，崇高带给体验主体的喜悦完全不同于从美中获得的自然的愉悦，他将后者称之为正向的愉悦。优美的事物给人以绝对的、独立于其他事物的享受，而崇高的喜悦源自外部的、负面的事物。负面的享受（或舒适的恐怖）与痛苦、濒临死亡的感觉相关——这是想象之中的生命威胁。对于崇高体验而言，体会"恐惧"是必要的，但不能完全丧失自我。崇高接近于狂喜，但崇高从本质上来说牵涉到"重回熟悉之物"这一过程。完全丧失自我是毁灭性的，而毁灭与审美体验毫无关系。与此相反，崇高的审美体验能够启人心智、引领人们定义自我。

伯克指出，在那裹挟一切的恐怖感消散的神奇时刻，体验主体发出了慰藉的叹息，他同时感受到感官、情绪和身体上的剧烈变化。感官不再被恐惧所麻痹。危险消退，他取得了胜利，头脑清醒，心态平稳。在面对人生的阴暗面的那一刻，暂时的生存危机被克服了。正因如此，体验主体才能带着一种新的强度和力量离开。

毫无疑问，个体与崇高的相遇是重要且深刻的。然而，问题在于，激发崇高的审美体验的元素、物品和现象是否存在某种普遍性，为全人类所共享。以下章节将会表明，答案是肯定的。因此，下文有必要针对崇高构建指导方针，以指导人们创造出能够挑战受众的审美预判的物品或概念，激发出可以改变人生的体验，这与陌生之物的愉悦感密切相关。其目的在于，通过这一体验在人与物之间建立更加持久的联系。

后文将会更加全面地讨论这一点，但接下来我会先就崇高审美体验的思想史展开进一步的讨论。

正向快感与负向快感

德国哲学家伊曼努尔·康德在他"三大批判"的第三本论著《判断力批判》中总结提炼了18世纪关于崇高与优美的思想。在有关审美判断力的章节中,康德与伯克的观点一致,区分出了优美与崇高。但是,康德也发现,优美和崇高存在相似之处,他认为,优美与崇高这两种感觉都是个体、主观、审美形式的判断。抛开其主观性质不谈,它们都被认为发挥着普遍的效用。在康德看来,存在一个主观的、但同时也是公正的、为全人类所共享的领域。事实上,康德认为,人类的意识是根据主观普遍性的概念构建的,正如"共感(sensus communis)"这一概念所显示的那样。因此,经验的条件独立于经验,先验的或既定的框架。在被体验的那一刻,所有物品都受普遍的理解框架的影响。

寻找审美上可持久的、具备广泛吸引力的表现方式时,主观共性与普遍有效的审美判断等概念都很值得借鉴。我们可以在这些理论的基础上,构建出一套通用的准则,以指导人们设计出可持久的表现方式,或为每个人（至少是大多数人，或者更确切地说，为那些思想开放、受到教育、乐于接受审美体验的人）带来具有挑战性的审美体验，无论他们的文化背景如何，或他们关于世界的先入之见是由哪一个社会所决定的。

优美和崇高的审美体验之间存在相似之处，但在康德看来，二者之间的基本区别远比它们可能具有的相似点要明显得多。例如，优美引发的愉悦感和崇高引发的愉悦感分属两种不同的类别，因为，崇高所激发的愉悦是间接、负向的，而优美引发的是直接、正向的享受（康德，2002:129）。美的欣赏是平和的，相比之下，崇高的体验则以强有力的方式感染或激励着我们。激发崇高之感的物品交替地吸引与排斥着意识的心灵。

这一辩证运动是崇高审美体验的主要特征，它与陌生之物的愉悦感密切相关，与遇到震撼心灵的设计物品时的体验相似。同理，平和的、沉思的、宁静的享受是优美的主要特征，它与熟悉之物的愉悦感、家一般的感觉以及随之产生的平静的归属感有关。

陌生之物的愉悦感的标志是，一股磁场般的肉体和感官的吸引力（想要用手指去触摸、探索、体认）以及通过短暂沉思和对感官印象进行分析以重获掌控时身体和心理上的退却。这正是崇高带来的这种审美愉悦的力量所在,让我们头疼或反感的是,要"摆脱"这种力量十分困难。这感觉就像是,与具有挑战性的设计物品同处一室时的情绪徘徊在心头,久久不能散去。

康德对于正向的和负向的愉悦的区分可以追溯到伯克。在伯克的思想中,喜悦一词暗示着负向的愉悦,与崇高联系在一起,而愉悦本身则与优美相关。然而,在康德看来,优美与崇高的主要区别在于,(自然)物品可被视作"优美的",但绝不是"崇高的"。美需要形式,但崇高拒斥形式,不断向外延伸。毫无疑问,崇高是伟大的:"它是一种只与自身相等的伟大"(康德,2002:134)。

美的感觉源于对形式,对限度的体验。因此,它与形式可以被知晓、理解和分类的经验或信念有关。相比之下,崇高的主要特征是,它是无形的,或者可以这样说,它让人体会到的形式如此庞大、抽象,以至于不能立即被领会(更不用说完全理解了)。如此一来,它落入了理性的范畴,这意味着它依赖思考的力量来进行并置与综合。只有思辨理性才能接纳崇高（利奥塔，1991:137）。因此，康德式的崇高与身体以及现象学的活动、体验无关；相反，这种崇高的体验被认为是条件反射的。

康德区分了数学的崇高和力学的崇高，前者涉及绝对的（物理的）伟大对人类意识的影响，后者关乎自然的威力。两种形式的崇高都与人类的认知和反思相关（克劳瑟，1989:85-86）。它们之间并不存在从属关系。康德的二分做法不是为了让我们觉得崇高本身有两种形式。话虽如此，在两者之间做出区分是有道理的，以下段落将揭示出具体的原因。

数学式的崇高的体验与一种精神疲劳相关，当意识面对一个极其庞大或看似无限的物理存在物并受到它的挑战之时，这种精神疲劳就会出现。康德举了埃及金字塔与梵蒂冈圣彼得大教堂的例子。他借此展示出，这些世界性的宏伟纪念碑，原本可以用数学的方法进行测量，但从某一合适的距离观看，它们超出了可测量之维，显现出绝对的宏大。在这一观看位置上，纪念碑的不同部分不能被并置，人们因而无法获取完整的整体印象。换句话说，如果物品压倒性地吞没了人类的感官，它就没有形式可言。

我可以肯定地认为，在某一距离上，纪念碑、林荫大道或城市景观看起来似乎膨胀了，因为它们融入了周围的环境，当遇上特定类型的天气时情况尤其如此。就我个人经验而言，参观约旦的佩特拉古城时，旋转的尘土与壮观的废墟相结合，创造出摄人心魄的宏伟感。我在大雨之中俯瞰香榭丽舍大街，或造访被热浪、海雾笼罩，周围海鸥振翅飞行的索维拉港时也有过类似的体验。如康德所言，这就是那标志着宏大体验的势不可当的印象的集合；但是我想，在讨论崇高时，气味、扑打在脸上的风和雨以及炽热的尘土之类带来的感官体验也具有同等程度的重要性。

力学式的崇高体验的部分内容是，主体经历了一种精神上优越的胜利感。当他在安全的位置上面对势不可当、充满力量、充满威胁的现象（如，借用伯克对崇高的描述：越山而来的暴风雨）时，他感受到了挑战。但是，这一挑战遭到了反抗：想象的力量幻想着它正在抵抗破坏性的力量。可以说，这一假想的情景使人类主体在精神上与心理上都显得更加强大。直面这一强有力的、具有潜在威胁的现象时,主体的心灵发出了反抗,使他觉得自己强大、处于优势位置(克劳瑟,1989:148)。

在崇高的瞬间,也就是在崇高的审美体验达到顶峰之时,审美主体因克服遭遇危险或无法应对眼前现象的感觉而充满一种特殊的原始耐力。因此,崇高体验之中蕴含着对自我的体验。在崇高的瞬间,人类主体面对的是他自己,他洞察着自身的反应:期待或内涵,定见,软弱,并最终认识到自身的气魄与才智。

但是,如果这一审美体验是对自我的体验,那么它是否只关乎心灵,还是说它关于物与个体之间的互动?在后一情形中,我们是否应当将这一审美体验视作感官性的而非条件反射性的,并因此认为物本身是崇高的?接下来的章节尝试对上述问题做出回答。

崇高的各个阶段

对人类来说,沉思是一种和/且情形:沉思某事,

与此同时,体会自身的沉思。因此,沉思的时刻同样也是一种存在的情形,通过物探索自身的位置,转而经由自身发现物的位置。

(奥尔斯科夫,1999:26)

上述引文为讨论崇高的审美体验的不同阶段提供了一个合适的框架。审美体验的阶段之一是,个体发现了关于自我以及体验中的物品或现象的知识。审美体验中包含着一定程度的自我认知,因为这能够帮助主体形成对世界与物体的预判。此外,崇高的审美体验以及陌生之物的愉悦感中还潜藏有拓宽眼界的可能。

很多思想家认为崇高是不可言说的,因为崇高的审美体验并不能轻易用言语表达。它主要关乎的是主体的内心世界及其情绪上的波动,但与此同时,它也是高度感性的,其中蕴含着对于触发这一体验的物品或现象的深厚的情感依恋。这一物品或现象与崇高以及陌生之物的愉悦感相关,因此,它们与审美持久性这一概念也存在关联。这一类型的物品或现象在很大程度上是持久的,当遇到它们的时候,主体将花大量时间来思考、感受和体验它。

以下文字引自卡尔-奥韦·克瑙斯高①《我的奋斗》的第一卷,书中描述了他如何一次又一次地从物品(就这个例子而言,从一幅画)中汲取审美滋养,以活跃思想:

我坐着翻阅康斯坦布尔的书,翻了将近一个小时。我不停地翻回到有浅绿色云朵的那一幅画,每一次它都在我心中唤起相同的情绪。似乎有两种不同形式的思维在我们的脑海里起起伏伏,一种是思考与推理,另一种是感觉与印象,即使它们彼此并列,但却相互排斥。这幅画妙极了,它给予了我美妙的画作所能带给人的全部感受,但如果要我解释它为何美妙,什么使它美妙,我却说不出。这幅画触动了我的内心,但原因并不可知。它使我充满渴望,但原因同样不可知。别的画中同样有很多云,很多色彩,也有足够的历史意义,以及大量的

---

① 卡尔-奥韦·克瑙斯高(Karl-Ove Knausgård,1968—):挪威作家,首部小说《出离世界》即获挪威文学评论奖。2009—2011年间,克瑙斯高出版了六卷本自传体小说《我的奋斗》,获挪威最高文学奖项布拉哥文学奖。

三者间的结合。但是,当代艺术,也就是理论上与我相关的艺术,并不认为一件艺术品所激发的感受具有重要价值。感受的价值是次要的,甚至是不需要的副产品、废弃物,充其量只是易变的东西,容易被操纵。自然主义式的对现实的描绘也不具有价值,人们认为它是稚嫩的,是早已被超越了的阶段,它已经没有什么意义了。但是,当我再次凝视这幅画的那一刻,我所有理性的想法都在心中涌起的能量与美感中消失了。"是的,是的,是的,"我心里的声音说,"就是这个地方,这就是我要去的地方。"但我所肯定的是什么?我要去的地方在何方?

(克瑙斯高,2012:286-287)

克瑙斯高凝神观看的这幅画,让他不断回看以寻求情感上的满足。这幅画淹没了一切的理性,或者更确切地说,它淹没了一切心理过滤机制。这是一幅表现主义式的风景画,是一种比较传统的绘画,晚期现代的观众不会对它特别感兴趣。这幅画绝不可能是批判性的,具有刺激性和创新性的,尽管如此,它还是让克瑙斯高的

"内心受到触动",而他无法说明具体的原因。绘画中崇高的、无法言喻的美使他处于一种敞露、脆弱且乐于接纳事物的状态。

伯克被认为是经验主义者或感觉主义者,这就是为什么对他而言,崇高体验与崇高"客体"及其投射给主体的印象密切相关。(此处客体打了引号,这是因为伯克用他所在的那个时代的典型方式,将崇高与自然及其宏伟、震撼的现象相联系,这与我们现在所说的"客体"不同。)在他的《关于崇高与优美之观念起源的哲学思考》一文中,伯克想要找出一些可以解释人类为何会被崇高之物的巨大与无形所打动的心理因素。也就是说,他关注崇高的主体效应。然而,他并不认为崇高仅仅是由个体意识引发的效应。对于伯克以及大多数18世纪的英国思想家来说,崇高必然与振奋人心的,能被感知的物品的性质密切相关。这可能与审美可持续性,或者更具体地说,与对事物的体验及其潜在的神奇或灵韵之效存在关联。第五章"神奇之物"将会更加具体地讨论这一点。

与伯克相反,康德的理论认为,崇高之中隐含着关于感官意识——而非感官对象——之本质的论述,康德因此仅仅将崇高与主体意识相联系。如此一来,康德将作为审美概念的崇高转化为纯粹的主观范畴;崇高不是物品的固有属性,而是物品所触发的一种心灵状态(存在有可以触动人心的物品或现象,但这一物品及其品质并不是崇高体验的必要条件)。因此,崇高之伟大并不依赖经验,而是取决于观念或直觉。崇高不是来自客体,而是来自主体——即主体的理性,而非它的感官。崇高的体验从根本上来说与人类克服威胁和挑战的能力密切相关。也就是说,康德抛弃了伯克的经验主义,以开创一种先验的哲学,以下部分将深入展开这一点。

康德对崇高的分析可以被称作否定性的,因为他在此引入了无客体的审美观。崇高的审美体验并非必然建立在客体之上。巨大的、无法控制的自然可以触发崇高的体验,它们挑战了人类的想象力并"迫使"它去容纳宏伟与强烈。但是,这一自然或自然本身并不能说是崇高的。作为审美概念的崇高完全是主观性的,它关乎着心灵的状态,而非客体的性质,即便这一客体可以激发崇高的体验。

在伯克看来，崇高体验达到顶峰时，必定表现为剧烈、刺激、愉悦的恐怖感：一种"令人感到喜悦的恐惧"。相反，康德认为崇高体验是在欣喜的平静中结束的。当主体意识到自己有能力进行理性分析，从而能够简化、理解事物时，崇高体验便达到顶峰。因此，我们可以认识到，尽管存在外部干扰，人类仍拥有一个坚定的指导原则，也即理性。当主体直面自然的力量及其表面上的无限时，他能创造出具有同等宏伟程度的意识观念，因为人类具备反思和界定自身经验的能力。在康德这里，伯克视之为崇高体验之支点的愉悦不过是走向极度欣喜的一步，是一种自由和完整的感觉。

在康德看来，崇高体验在某种程度上削弱了人类对世俗现象或生活的依恋。他认为，与崇高相对应的是内在力量或平静的生发，而非感官与生命之欢乐的强化；体验崇高之时，主体以近乎沉思的方式远离物质世界，转向内在。崇高内在于人，它不在自然现象中，而在观念的世界中："真正的崇高只存在于有判断力的头脑之中，而不在自然界的物体中，对物体进行判断触发了人性中的崇高"（康德，2002:139）。

伯克和康德启发我们认识到,崇高的审美体验具有感性和反思的双重特征。在崇高的瞬间,主体身临其境,但与此同时也能进行思考,扩大他作为人类所能拥有的创造能力和眼界。然而,物品本身也散发着灵韵或神奇的效力,使崇高的审美体验得以发生。但是,主客体间的相互作用(真正的崇高体验)才是真正有趣的,正是在二者的相互作用中,拓宽眼界的审美体验才能发生。

崇高的审美体验包含了几个不同的"阶段"。受康德在《关于优美与崇高之感觉的观察》(*Observations on the Feeling of the Beautiful and the Sublime*,1764)中思考的启发,审美体验可以分为三个阶段——这三个阶段可以很方便地迁移到设计过程中:

1.*主体与客体/现象的最初"相遇"*(这是在感官上和心理上都具有挑战性的遭遇)。

2.*主体试图理解客体/现象的宏伟*,"捕捉"或把握它的无形,以理解它的不对称性以及它发出的令人困惑的信息。

3.理智向想象力阐明了正在发生的事情,这就像是:"你无法立即理解正在发生的事情,这是因为,你正在体验一种还不习惯直面或以前从未遭遇过的形式上的爆炸或组合上的混乱。"想象力随后会做出慎重的反应,使得主体能够以更冷静、更现实的心态、更广阔的视野、更全面的理解重新回到现实世界中。在某种程度上,遇到崇高时所产生的这类意识上的扩展是认知性的,但它同时也是高度感性的;一种强烈的存在感蔓延到身体的每一个毛孔和每一个神经末梢,感官体验上的爆炸随之产生,使人全然意识到身体的存在。

就设计策略而言,第二阶段可以适当扩展。这个阶段直接挑战了人们的理解力或想象力,在审美体验的这一阶段,理性或想象力正在努力综合、理解正在发生的事情。突破即将发生。这一阶段可能只持续片刻,在这之后,理解力使主体开始领会状况,主体在与客体互动之后也能收获回报。毫无疑问,这一阶段可以通过巧妙的设计加以延长,以强化体验的复杂程度。

就设计而言,需要全面深入地了解目标受众,以确定他们暴露在混乱中的"可接受"时间是多少。受众是否正在寻求挑战性的体验,他们能否从片刻的挫败中获取审美滋养?或者正相反,他们是否会因为能够快速理解和使用物品而在审美上感到更加满足?精心匹配产品与受众的审美需求,物品才能获得审美上的可持续性。

崇高的审美体验类似于陌生之物的愉悦感。简单来说,这是一种由下述这类想法所触发的愉悦感:"鞋子实际上可以是这个样子";或,"椅子竟然可以给人这样的感受";或,"抽屉也能用这样的方式打开";或,"裙子显然可以做成这种形状"。体验一个具有崇高美的物品能让人们对形状和材料以及它们塑造我们对世界的感知的方式有一个新的理解。

换句话说,陌生之物的愉悦感的特点之一是,它能够启发人心,丰富经验知识,当面对不能轻易理解或探索的物品时,如,面对不同种类的厨房抽屉或衣服时,经验知识的增长可能被证明是有用处的。先前的崇高体验拓宽了个体的眼界,即便只是在一定程度上。在崇高体验中,主体的内涵框架是核心要素。当遇到超出理解范围的物品时,可以这么说,主体的框架被迫拓展了;

其结果便是，人们更新了对自我的认知，加深了对世界的理解并借此拓宽了眼界。

深入崇高或陌生之物的愉悦感时，主体的先入之见和内涵框架被拓展了，这一过程具有挑战性，鉴于这一性质，我们可以认为，这一类型的体验是可持续的或持久的。人类需要接受挑战，并感受到自己正在以某种方式"前进"。持久性或可持续性并不仅仅意味着维持现状，保留熟悉的事物。可持续性从更新、自我发展、自我修复的可能性中产生。从这一方面来看，审美上可持续的物品是一类尽管很复杂，但正因为如此人们才会乐此不疲地对其进行思考、触摸和探索的物品。

陌生之物的愉悦感是一种"棘手的"审美愉悦，我们可以这样理解，它既不能轻易获得，也不能给人以即时的愉悦感。它挑战、质疑一切熟悉的东西，突破了审美主体的意识边界。但这正是它的优势所在。这种类型的愉悦感能在主客体之间建立起可持续的联系，这一联系有赖于关键性的审美经历，与今天的晚期现代世界那些每天轰炸我们的所有其他感官印象相比，这一审美经历显然不会更不重要。在审美体验结束很久之后，陌生之物的愉悦感依然伴随着主体。

打破普遍性审美准则

优美和熟悉之物的愉悦感来自对完美、和谐、对称以及界限的体验，以及能够轻易地理解或解读并探索给定物品的体验。相比之下，崇高和陌生之物的愉悦感要求消解形式、和谐和对称；它处在审美观的另一面，可以经由难以探索、解读、接受的物品或概念获得。

在第一章的《遵循普遍性审美准则》一节中，我谈到了人们对于最能使人感到愉悦的表现形式或设计惯例的普遍偏好。尽管人们在方方面面都有所不同，但从生理上来说几乎是一致的。因为我们有着相同类型的四肢，我们倾向于以相同的方式体验空间；同样地，我们的味蕾也以相同的方式工作，这就是人们可以用甜度、酸度等来描述食物的原因所在。因此，制定指导方针，以明确形状和颜色如何被感官感知、处理，以及先验的（在文化的和社会的内涵被个体内化之前）、均衡的、易于读解的表现方式如何被人理解，这是完全有可能的。然后，就有可能为如何有效地突破个体的舒适区制定指导方针，以激发出以陌生之物的愉悦感为主要特征的审美体验。

然而，在设计的环境中，设计师在尝试挑战受众之前，必须知晓、理解普遍性的审美准则。不了解"规则"的话，他就几乎无法凭借任何方式有意打破规则。背离普遍性的审美准则必然会使受众受到挑战，他们关于世界的先入之见将会被撕裂，即使只是短暂的。其结果便是，受众离开这一体验时，更新或改变了原来的定见，他在与往日完全不同的情境中，也就是在崇高的审美体验中，获取了愉悦与审美的享受。也就是说，陌生的审美体验不仅扰乱了受众关于美、舒适、吸引力的观念，也改变了受众的世界观，使他产生了新的关键性见解。

在法国哲学家让-弗朗索瓦·利奥塔看来，崇高的审美体验（他认为这对人类意识的发展至关重要）之所以重要，其原因十分简单明了：某些事情发生了。当人类主体为不同寻常的组合、非对称的构图以及混乱的结构所震撼时，他或多或少被迫跳出日常生活的框架，脱离占主导地位的预判和先入之见。突然之间,他变得更加凝神专注,在崇高之中,有"某些事情"正在他面前发生,而去领会、理解这些事是很吃力的:

> 艺术,无论使用何种材料,在崇高美学的驱动下以寻求强烈效果的时候,必须停止模仿那些只具有美感的模型,努力创造出令人感到惊讶、陌生、震惊的组合形式。震惊之中并非空无一物,它悬置了贫乏感,是"某事发生了"的绝佳证据。
>
> (利奥塔,1991:100)

用所谓的"初学者的思维"(一种以前从未有过的思维状态)思考物品意味着从舒适区中跳脱出来。正是这种由崇高体验所激发的心绪状态拓宽了人们的眼界。

人类总是试图将平凡生活中形形色色的感官印象组织化、结构化。这让我们回想起"熟悉之物的愉悦感"那一章节的内容:我们所习惯的物品或具有某种对称性或内在结构上的清晰性的物品更易于探索与解读,这些物品能引导眼睛与想象力去理解它们。相比之下,混乱的结构和不寻常、未知的组合则会使眼睛疲劳。眼睛掠过物体的不规则表面，想要尽快在眼前这一令人困惑的物品中找到结构与秩序。人类的天性之一即是理解、组织任意以及所有的感官印象，使它们形成体系，无论它们多么令人困惑。

在康德看来，几何形状太完美了，无法激发审美体验。只要它们与隐含的概念或理念相一致——它们因此具有了古希腊人所追求和称颂的精确性——几何形状是可以理解的，但它们不能唤起情感，并且，最重要的是，它们不会将想象力推展至新的、自由的（心理）高度。

相比之下，具有某种程度的不可丈量的或看似不受约束的形式或现象会刺激人类的想象力（博默，2010:26），因而也能激发崇高的审美体验。体验不可丈量、不可定义或无形式之物的乐趣在于，人们能够享受自身的情绪及心理活动。也就是说，人们受到眼前之物的挑战，挣扎着想要去理解、解读它，由此产生了乐趣。除此之外，乐趣也部分来自人们（暂时）突破了自身的舒适区。

利奥塔认为，崇高美学是20世纪先锋艺术的基础；对于那些想要抵抗浪漫主义式的"封闭"绘画空间以及通过艺术作品创造一种现实世界所不具备的完整性的企图的艺术家而言，崇高是一个基本要素。崇高美学追求的是不确定性和非生产性，力图将绘画艺术从促进具体信息传递的需求中解放出来，从而释放创造的力量（布罗格、布达尔与海因森，1985:13）。与康德类似，利奥塔区分了两种形式的崇高：第一种是"怀旧、忧郁"的崇高，它力求与自然、宇宙、绝对精神或神性达成统一，像威廉·华兹华斯这样的浪漫主义诗人即是这一范式的典型例证；第二种形式的崇高混合着欢乐和痛苦，关注当下的强烈审美体验。利奥塔将现代性与怀旧的、浪漫的崇高联系在一起，而将后现代性与第二种崇高性相联系，在他看来，后者之中包含着真正的崇高——或者至少是他最感兴趣的那种崇高。

（后现代）强烈的崇高瞬间围绕着"它正在发生"的愉悦，为"某事（一个物体或现象）"所震撼的喜悦以及对于"它可能停止""无事将再发生"的担忧（利奥塔，1991:99-100）。喜悦与恐惧、愉悦与痛苦以及

"正在发生"与"即将停止发生"之间的辩证关系同样也是伯克式崇高的主要特征。在伯克的思想中,崇高与匮乏引起的恐惧有关:黑暗(缺乏光明);孤独(缺乏陪伴);沉默(缺乏语言);空虚(缺乏存在);以及最后,死亡(缺乏生命)。崇高中的匮乏与强烈的恐惧感有关:"正在发生的事情"其实并没有发生或将不再发生,这令人感到害怕(利奥塔,1991: 99)。

然而,上文所述的恐惧也与"某事正在发生"的"喜悦"有关。在后现代崇高中,个体感觉被强化。与康德类似,利奥塔将崇高归结于个体的理智;同样,崇高是一种情绪状态,而非客体的属性,尽管它毫无疑问能够激发崇高体验。崇高体验是一种纯粹的在场性,主体被迫置身于绝对的"此时此地"中。

在利奥塔看来,艺术的目的恰恰在于通过出人意料、不同寻常、令人震惊的组合将观者抛到"正在发生的事情"当中。从崇高体验中获取愉悦感,这取决于从"此刻"出发体验艺术品,即使它可能只发生在短暂的一瞬间。这样主体才有可能获得新的启示,以及他对当下世界的体验;此外,这一体验中还包含着可持续或持久的成分。在崇高体验中获取满足感之后，主体（很有可能）想要继续寻求开阔视野的审美体验，因为它们之中蕴含着特别的审美滋养。利奥塔针对崇高所提出的观点可以灵活地调整，以与设计经验和设计师的角色相适应。

如前所述，人眼会自动被对称的样式所吸引。由于人眼有组织化、结构化的倾向，如果未给予它期待中的东西，那么眼睛就有可能失去镇静。无论是在比喻意义上还是字面上，有意识地将事物颠倒过来，物品（概念）的设计师们便有可能暂时扰乱受众的观感，从而迫使他停下来思考或更仔细地观察物品。

例如，扰乱色彩的和谐[3]，会使日常生活单调的存在出现一种沉思性的"突破"。通过改变色彩面积这一对比类型中的色阶，突出视觉上更具"延展性"的颜色，以弱化那些较为微妙的色调——通常来说，它们才是和谐构图中占据画幅的主要色彩——观者的眼睛就会在辩证的运动中不断游离、返回到主导色彩上。

在构图中，打破对称性与黄金分割比例是迫使眼睛进入高度紧张状态、使人产生心理上的停顿的其他方式；这一停顿通常持续的时间都很短，但可以挫败观者的预判和联想——直到理性再次恢复想象力的作用[4]。同样地，通过使用就物体的形式、功能或美学而言惯性很大（或者其他非传统、不寻常）的材料，设计师们也能在主体身上制造停顿之效（这是崇高审美体验的第二阶段），迫使他深入研究、思考、探查正在发生的事情对心灵的影响。这一停顿是富有成效的，具有重要的作用，因为它挑战或扰乱了主体的舒适区；在体验（包括解读或探索物品）结束后的一段时间里，这一停顿甚至可能成为主体的思想与感官中的一个元素。

在本章的余下部分，我将会时常回到这上面来，讨论设计师应当如何筹划这一停顿，或拓展崇高审美体验的第二阶段，以在人与物之间创造出具有可持续潜力的联系。

延长解读时间

从表面上看，难以解读、理解的事物能够激发愉悦感这一观点似乎本身就是矛盾的。然而，陌生之物的愉悦感所涉及的正是这类体验，人们不能立即理解、掌握或解读某个物品（或概念或现象）。陌生之物的愉悦感所涵盖的正是面对不可言说之物时的审美体验。这一不可言说之物有可能与之前遇到过的物品相似，在某种程度上，其形式可能是可辨认、愉悦人心的，但它之中自有某种奇特之处，使人很难将它置于平时能够随意调用的通常的感官范畴中。如上所述，有可能是因为它的形状、材料或色彩组合与之前经历过的任何事物都有所不同，也有可能是因为它背离了某一个或几个审美惯例，使得可识别的元素与当前的物品无法适配。

然而，另一种可能的情况是，当下的体验产生了更为深远的影响；例如，人们有可能无法立即确定他正在观察的物品的性质：它是厨房用具还是工艺品？是一件夹克还是一条裤子？遇到任何这类模棱两可的物品时，人们都需要一定的时间对物进行解读，在这之后，他们才能再将物品纳入到一个用以组织、构造、理解外部世界的心理范畴中。又或者，人们需要为当下的物品创造一个全新的类别，或一个样本或"混合"物类别（例如，由家具装饰品制成的短袖外套，或由软、硬两种材料制成的沙发,它的价格像马德拉斯薄棉布一样便宜)。

在这之前,我就已经描述并绘出了崇高审美体验的变化程度[5],我的观点是,崇高的审美体验具有一定程度的复杂性,有鉴于此,从概念上来说,我们可以很方便地将这一体验转译为"延长的解读"(它的对立面是轻松的解读),如图2所示:

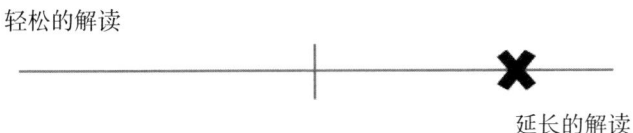

图2 延长的解读与轻松的解读

设计师可以将不同的物品放置在审美光谱的两端或中间某个地方,让观众体验到轻松或艰难的解读。放置的位置最终将由物品(或概念)的意图、设计的类别或设计师所服务的受众或细分市场决定。在某些情况下,显著延长解读时间能起到很好的效果,因为它能让受众暂时迷失方向;在其他情况下,稍微扰乱受众的习惯想法也许是更可取的做法。

例如，对于服装设计师来说，如果想要为那些想要被挑战、倾向于选择背离常规服饰之形式与功能的衣服、喜欢引人注目的受众设计出可持久的单品或套装，那么增强信号的混乱程度（从而延长解读时间）是正确的做法。在这种情况下，设计师可以选择为他们生产组合式的衣服，将各种不同的服装元素结合在一起，赋予该设计不可控、无秩序的感觉。另一个例子是，在西方世界，一个旨在最大化减少清洗衣物数量的设计概念很可能会与传统观念——穿着得体意味着什么、"好看"的衣服是什么样子——相冲突。这两个例子特意设置得很简单，但要点应该是很清楚的。

但是，如果设计师面对的受众或细分市场并不特别想引人注目或违背常规，而是习惯于在归属感和融入感中体会舒适与乐趣，那么这也并不立即意味着设计师们不能选择延长解读时间的产品（比如，来吸引用户的注意力，或者通过挑战性的审美体验在人与物之间创造可持续的联系）。在这种情况下，设计师应该尽量减少使用无从辨认的元素或令人困惑的符号。设计一件双面外套是可行的方式之一，它的优点在于兼具审美和功能上的灵活性，可以在不同的社会环境中使用，因而具有潜在的可持续性。通过这种方式设计出的可持久服装更易于解读，而且附加的陌生化元素不会立即让人感到困惑，使人无从知道手中拿的是什么衣服（这显然是一件外套，它的风格甚至看起来相当传统）；在这个例子中，解读的时间更有可能因衣服的双面特征而延长，这是造成一时困惑的潜在原因，但解读所需的时间并不长。在这种情况下，受众能够相对较快地收获回报，因此，这一设计落在图2所示的审美刻度表上靠近中间的位置，且更偏向于轻松的解读以及熟悉之物的愉悦感这一端。

崇高审美体验中延长解读时间的效果之一是，体验主体的视野变得开阔了。这一体验促生了全新的、"拓展性"的（美学或感官）经验范畴——因为经由这一体验，主体在某一范畴，如"椅子""外套"等中，掌握了新的形式或表现方式。这一体验也可能直接为审美主体创造了一个全新的物品类别，如，不需要清洗的服装。此外，延长物品或概念的解读时间能推动主体的意识挣扎着去延展自身的界限，以理解它所面对的现象。

从哲学层面上讲，这一开阔视野的体验能带来一种新的洞察力形式；熟悉之物遭到了质疑，但是，当回报到来的那一刻（"啊，我懂了，外套是可以反穿的"；或者，"这个抽屉打开的方式很特别"；或，"我从未在杯子上看到这种表层材料"），这就像是有了一种对人生的新见解，这是关键性的时刻，人生因此被划分为"之前"和"之后"两个阶段。上述类比可能有些夸张，但可以从以下方面来理解：当下一次看到外套、抽屉、杯子等新物品时，人们在先前的经历中收获的见解将会对当前的体验有所影响；正是在这一意义上才有"前"与"后"的区分。

挑战性的审美体验拓展了意识的限度，它要求人们具有一种不同的注视、在场感与专注力，因而可能会让人感到不适（不适的原因在于，一直以来我们都习惯于确切地知道应该如何应付身边的物品），这一体验的性质使人回想起自身生活中那些关键性的自我扩充的体验。自我被抛至深渊，但是在理智发挥作用的那一刻，自我设法从深渊中走了出来，这一体验也因此转变为一次振奋人心的发现之旅。在设计物的语境中,程度可能有所不同,但它们给人的感受是相似的。

但是,审美价值绝不仅仅只存在于延长了解读时间的物品或概念中;易于解读的物品中也蕴含着重要的审美价值[6]。这两种与世界及其中的物品的愉悦感官的、振奋人心的接触都有启发甚至是教育之效,因为它们能够"教会"人们如何在世界上生存。要理解这一点我们须看到,当所遇到的物品满足或背离了惯常的期待时,人们的先入之见如何得到证实(就像"抽屉开、关的方式跟我预料的一模一样"这个例子所显示的那样),或者人们的视野如何得到了拓展(就像"原来这件衣服是两面可穿的")。上述经历,尽管看似平常、微不足道,实际上都很重要,它们能使个体在世界中体会到舒适、"自在"的感觉。与物进行一番颇有教益的互动之后,个体面对世界时,或充满自在感,确信自己能够立即理解、解读周身的环境,或明确知道,在与看似无法理解、陌生的物互动并设法解读它们之后,自身的视野变得更加开阔了。除此之外,确证性的或挑战性的设计体验中都包含有愉悦感:它们分别是熟悉之物的愉悦感和陌生之物的愉悦感。这两种愉悦感都能提供审美滋养。

如前所述，审美体验中解读时间延长多少可以通过图表展现出来（如图2所示）。产品的设计师或生产端可以选择挑战受众，程度可轻可重。上文提到过，决策应基于以下这一点：对于产品及受众类型而言，最为合理的方案是什么。联系上文与崇高相关的讨论可以发现，重要的是受众或观众必须最终能够解读或理解物品（或概念），否则他们的体验将会很差。

如果设计师想要使受众的解读过程更加顺畅，那么他必须具备对受众的深入了解。对于设计过程和营销规划而言，了解受众及其信仰和准则十分重要，但与此同时，确定想要设计的物品的意义也至关重要。它是功能型的产品（例如厨房辅具或雨衣），还是为身份认同而设计的产品？通常而言，设计师会在产品中融入令人困惑的符号，延长解读时间，以增强或迎合受众的身份感。身份认同之物可以有很多类别，如家具、自行车或衣服，尽管这些产品理应以某种方式发挥作用（坐器、运输机器、保暖和烘干机器），但是在我们的文化中，它们显然也极大地支撑起了受众的身份与生活方式。在创造这一类型的物品时——它们也应该耐用且可持续——尝试延长解读时间不失为一个可行的选择。运用这一审美体验元素能立即激发受众的好奇心与兴趣，与此同时也能在人与物之间建立起可持续的联系，这一联系有赖于人对物的迷恋，人与物的互动以及物的灵活性，我将在"审美灵活性"一节中继续讨论这一点。

从现象学的角度来看，陌生之物的愉悦感与主体在感官和身体层面上感受到的挑战有关。这一挑战可以通过使用观感与触感不相符的材料达成：眼睛或许已经预先做出了判断，料想物品是坚硬、沉重的，摸起来手感冰凉，但当双手开始探索物品时，触觉占据了上风，思维退至一边，物品实际上摸起来柔软、轻盈而温暖。在其他情境中，设计师也可以创造出非对称的或明显不和谐的构图或形状，以挑战眼睛的观察能力和身体的体验能力。如此一来，人们将能够更新自身对世界的认识，从而洞彻在世存在之感官与身体，而这与思维无关。设计物的体验使主体在感官和身体上获得的领悟先于思考，在它之中潜藏着一种知识来源，即在世间无拘无束意味着什么，以及如何活在当下。

在梅洛-庞蒂等现象学家看来，意识和身体是一体的：只有通过在世存在之身体，人才能成为一个自我。举例来说，当人们的感官为陌生的、运用巧妙的材料所冲击时，通向过往经验的通道被开启了，人们因此能够对一些事有了更好的认识，这些事曾经对理解自我至关重要，现在也许依然如此。不过，至关重要的是，任何获得自返性的认识之前的"步骤"都是建立在身体存在的基础上的。

可能大多数人都有过在花香、草香、木柴燃烧的香气、浪花以及温暖潮湿的沥青气味中感知春天或夏天到来的体验；这些气味可以在一瞬之间将我们带回到童年或青年时代。这一感官体验所标志的那种强烈的在场感，以及它作为通向早期时代和经历的入口的特点，是有深刻见解的生命存在的主要表现。在世存在的那些时刻，过去与现在交汇融合，照亮了万物运作的机制和彼此之间的联系。

同样地，触摸设计物的外表面的体验也能让人们体会到过去与现在的片刻融合。当人们遭遇挑战性的、颠覆了自身期望的物品时，像家一般亲切的元素，如熟悉的结构、材料等[7]，能帮助他们在已知和未知之间建立平衡。这一平衡能够推动自我深入探索陌生之物的愉悦感，体会延长解读的时刻。

在第四章"设计时间之物"和第五章"神奇之物"中，我将再次讨论这一启发新知的物的体验。

从符号学的角度来看，设计师可以有意识地将出乎意料的元素和模棱两可的符号带入到设计中，从而延长受众解读物品所需的时间。在编码物品时，设计师可以选择对受众来说解码过程相对困难的方式——例如，在物品或概念上附加一个矛盾的文字信息，给一个服装系列或室内设计系列取一个超现实或模糊的名字，或使用自创的复合词或词语，使受众不能立即领会它的意思。设计师也可以使用不常见的拟声词，如在市场营销中使用kapow或shhh等词或将其用作某一产品系列的标志，以期将这些声音锚定在受众的意识中。如此一来，设计师们便有可能将有趣的，甚至是幼稚的元素与更为严肃的、成人化的设计理念相融合，为受众带来预料之外的情绪体验。

在很大程度上，陌生之物的愉悦感就在于以直接或间接的方式倒置事物，迫使受众或观众停留片刻。

除了语言手段之外，设计师们还可以通过视觉元素的模糊或非常规并置来延长解读时间。例如，设计出一个拼贴、并置了各种典型风格和复古潮流的服装系列是有意扰乱受众的方式之一。在这种情况下，体验的一方必须付出艰巨的努力才能理解该系列所隐含的概念；出于引导受众理解产品的考虑，取用的名称最好不要过于含糊。名称的作用在于锚定一个方向，它能将某些（特意设置的）隐含意义固定下来；与此同时，过滤掉其他与本意无关的意义，使之与该产品系列无法发生联系。

如前所述，审美体验的关键在于，人们能够领会事物或从中解读出意义。可以说，在豁然开朗之前，审美体验很难有"回报"。情况若非如此，陌生之物的愉悦感将无法实现，受众也难以达到令人满意的体验的高峰，而这一体验原本可以转化为受众恒定的信仰和准则的一部分。无法实现这种效用的物品或概念通常都被视为糟糕的设计。

深入了解受众及其信仰和准则能确保"回报"的发

生，设计师可以选择顺应或挑战受众的信仰和准则。在某种程度上，借助隐含意义锚定某一方向时，设计师应尽力消除任何可能的误解。正如上面的例子所显示的，如果想要设计出视觉上高度模棱两可、容纳了各种符号与元素的样式，设计师应该预先为观众指明路径。如，使用凸显出"拼贴"之侧重点的名称，便能将可能"反复无常"的视觉元素固定下来。这里的言外之意是，不建议给视觉上本已令人生畏、模糊不清的设计附上自创的复合词名称，以进一步增加其混淆程度。

延长解读并不等同于不可能解读。在体验之中片刻延长解读是为了增强体验的愉悦程度：在短暂的停顿中，人们或停下脚步思考或努力理解事物，在开阔视野、"磨炼"理智方面，这一停顿发挥了极其重要的作用。

结　语

陌生之物的愉悦感与崇高的审美体验密切相关，它是一种内在的、至关重要的挑战。但还有一个问题是，什么才能挑战晚期现代社会的人类呢？他们习惯于遭受着密集、强烈的感官印象的轰炸，被淹没在大量的无关紧要甚至是恼人的信息中。同时代中的人们一直漫游在广阔的城市空间中，遇到过无数的面孔、物品、声音和气味，突破他们的界限似乎是一项不可逾越的任务。但事实也许并非如此。

  我端着杯子，走到街上。看到手中的杯子时，我心中产生了一丝不安，杯子是室内而非室外用品；在室外时，它显得赤裸而暴露。因此，过马路的时候，我决定明天早上就在7-11便利店买杯咖啡，并从那以后只使用他们专为户外场景设计的纸杯。

（克瑙斯高，2012:263）

  克瑙斯高《我的奋斗》中的这段话印证了我的观点。在现实生活中，不需要太多便能让人们大吃一惊或受到挑战。从本质上来讲，人类是习惯性生物，在身体或感官层面上尤其如此。当感觉不对劲或不一样时，我们本能地倾向于通过身体的不适来做出反应。我们内心深处有这样一种倾向：对周围环境进行结构化和范畴化，使之易于理解和探索。这一结构化过程相当愉悦人心，熟悉之物的愉悦感针对的正是这样一种倾向或需要。但是，尽管人们渴求结构与秩序，熟悉感却并不是快感的唯一源泉。受到片刻的挑战、体验一定程度的困惑，也能使人感到兴奋与愉悦。设计师必须深入了解受众或细分市场，以便确定在体验变得不愉悦之前可以将所设计的物品或概念的界限推延至多远。

陌生之物的愉悦感通常与物品的新鲜价值（news value）有关。在初次邂逅中为人们制造兴奋感远比维持他们的兴趣要容易得多，维持兴趣需要物品持续不断地为其提供挑战性的审美体验所激发的特殊快感。尽管如此，只有通过重复或"扩展"最初邂逅时的愉悦，可持续性才能实现。创造审美上可持续的设计的一个主要难点在于，仅仅在人与物之间建立起短暂的联系是不够的，这一短暂联系建立在人们对物之新鲜价值所产生的即时兴趣的基础上。审美上可持续的物品（或概念）是一类人们能在未来岁月中持续从中获取愉悦感，并且因此愿意保存、照料的物品。

下一章将讨论那些能够界定可持续的或持久的美学表现形式的构成元素。

注释

1. 见第一章《优美》部分。
2. Catharsis在希腊语中意为"净化"。
3. 参见第一章《颜色的通用效应》一节中关于约翰内斯·伊顿的七种颜色对比类型的讨论。
4. 参见第二章中关于康德的崇高审美体验的三个阶段。
5. 见第二章,图1。
6. 我将在第六章中再次讨论审美价值的概念;不过,简单来说,审美价值可以理解为可持续性的一种富有表现力的、赏心悦目的形式。当物体(或概念)能够为用户或观者提供审美滋养时,它就具有了审美价值。
7. 参见我在第一章"家一般的熟悉感"一节中的描述:赤着脚走过童年的家,感受脚下物体表面纹理的变化。

第三章 审美灵活性的表达

哪些表达方式最吸引人？这一问题很大程度上是由当下的潮流和趋势决定的。尽管如此，为创造具有普遍吸引力或美感物品构建一套指导方针，这仍然是可以实现的。这类物品能长时间为使用者提供愉悦，也就是说，它们颠覆了人们的内涵框架、先入之见以及由文化所主导的偏好。审美可持续性的概念有助于阐述如何确立和实施这一指导方针的确立与实施指明了方向。

灵活性这一概念与审美可持续性密切相关。类似于激发陌生之物的愉悦感的物品，灵活的物品能通过增进人与物之间的互动或者呈现出多变的表现形式来保持使用者的注意力。此外，具备审美灵活性的表现形式中潜藏着模糊性，能够延长解读或探索的时间，这要求受众投入一定的时间来体验物品。也就是说，要想审美体验或审美快感达到顶点是需要时间的。

但是，什么是灵活的物品？创造具备审美灵活性的设计又意味着什么？在接下来的部分中，我将阐明审美灵活性的概念。在这一过程中，我将就可变的用途、可变的材料、可变的功能几个方面进行描述与分析，同时也会谈及更新与衰败这两个概念。此外，我还将探讨"恒常"的概念——恒常是持久的、不变的、持续存在的。

但是，在这之前，我将首先讨论美的本质问题。

转瞬即逝的美

什么是美？美丽的物品是什么样子？对于想要创造出符合主流审美的物品的设计师来说，能够确切回答这些问题非常重要。但是，在讨论像美这般复杂的事物时，确切的答案即便不是不可能，也很难达到。美是一个转瞬即逝的概念，人们要么认为它随时间而褪色，要么将其视为与个人品位或主观联想密切相关的事物，以至于无法对它下任何明确的结论。然而，如前两章所示，我的观点是，尽管个人偏好根植于文化或时代背景中，仍有可能就美的物体的构成元素设定一般标准或指导方针。换句话说，被认为美的物品或表现方式在某种程度上具备共性。

法国诗人查尔斯·波德莱尔的诗歌关注并受启发于19世纪后期不断发展的城市，他认为，城市生活中到处都是诗意的、冒险的主题，充满短暂、碎裂、不对称且偶然的美，他称之为"现代美"。以城市性为基点，波德莱尔将现代美与古典美区分开来，后者的主要特征是对称与比例和谐（波德莱尔，1998）[1]。

现代艺术家渴望"捕捉"、表达或者想象现代美，他必须假扮成"人群中的人"，化身为匿名的观察者，如闲逛者或无所事事者，在城市中走动，吸收城市不断变化的表现形式和外观，进而接受它那转瞬即逝的现代美。波德莱尔的闲逛者从世界之中观察世界，与此同时，他是匿名的，隐匿在世界的背后，而这正是他的自由之所在。在波德莱尔看来，艺术家-闲逛者要做的是，写下或画出他的所见所感，并在创作过程中附加一个现象学的元素：艺术创作应基于感知而非总结分析。

然而，在描绘现代城市中随机而短暂的元素时，真正的艺术家追寻的是普遍的、不朽的东西——美，或现代本身的恒定不变的部分，这是现代性的核心："每位绘画大师都有他自己的现代性；流传下来的绝大多数精美的肖像画中的人物都穿着他们那个时代的衣服"（波德莱尔，1964:13）。换句话说，真正的艺术家旨在通过体验转瞬即逝或支离破碎的感官印象（试图以某种方式将这些印象转化为文字或形式）以洞察特定时代的美的本质。这可以通过想象力来完成，波德莱尔将想象力视作"智力之首"（哈比卜，2005:495）。

因此，对于波德莱尔来说，美一方面由"永恒不变的元素"组成，另一方面也含有"相对的、环境方面的因素"，与当时的风尚息息相关（波德莱尔，1964:3）。若没有恒久性的元素，艺术品将显得毫无意义，但短暂无常（新鲜价值）也是现代美的必要条件。一件作品必须涵纳永恒的元素，但与此同时，也要体现世界瞬息万变的特性。为此,艺术家若要触动观者的心灵,必须同时表现永恒与短暂、固定不变与支离破碎。

现代艺术作品的二元性可以有效地迁移至设计物中。根据波德莱尔的观点,观者或用户认为有趣、美丽且有吸引力的物品,很可能同时包含着恒久性与易逝性。或者,它可能包含独立于时间和地域的元素,不受时间和地域的影响,多年之后依然显得有趣、不过时,同时也包含因自身的短暂性和新鲜价值而富有吸引力的元素。

在本章后面关于衰败美学的部分,我将深入阐明这一点:有吸引力的物品兼具不变性和短暂性。但是,在下一节中,我将在美的本质的问题上稍作停留,以便进一步讨论人与物之间的情感联结。

美的本质

物的美感、表现形式和感官品质决定了人们在多大程度上认为它是好看且在某种程度上是有用的。熟悉之物的愉悦感以及与之相关联的美感主要取决于物品之结构是否具有某种用途,以及人们是否能立即理解物品并对其进行探索。从这一点来看,能够立即给人以舒适感与具有某种用途或功能是密不可分的[2]。

物品的美不仅仅关乎让人立刻觉得它有用或吸引人,它的表现形式可以发挥催化剂的效用,在物与受众或在主、客体之间建立起情感联结:

> 物品的美学不容小觑,因为它是人们与物体建立情感纽带的关键所在。将某一产品从乏味的、无甚用途的功能组件集合体转变为实用、吸引人且能为人们的生活增添益处的物品的,正是美学。
>
> (沃克,2007:142)

斯图尔特·沃克的《可持续的设计》(*Sustainable by Design*)中的这句话表明,美学极大地增进了人对物或产品的情感依恋。

人类对某些事物产生情感依恋,或许是因为它们使人回忆起某事或某人,也可能因为它们的外表和感官品质吸引着我们,并以一种其他更"不重要"的事物所不具备的方式"充实"着我们。某些事物以特定的方式吸引着我们。有迹象表明，这种物的魅力与此物的美学相关。我们受吸引力的驱使去触摸、穿戴、使用并占有诱人的东西。这些诱人的事物的神奇吸引力很难解释清楚，因为它并不诉诸理性，而是与感受和感知相关。不过，或许可以这样说，吸引我们的事物以特定方式彰显了我们的身份；它们以某种方式表明我们是谁，并且逐渐成为我们个人特质和喜好的标志。这类物品与具有情感价值的事物存在联系，因为物的拥有者与物之间存在着情感纽带，使物的拥有者精心保存着这些物品，并且不太可能会随意丢弃它们，因为他为之注入了感情；同样地，他更有可能会不断修复这些物品而非那些"不重要"的东西，后者可以轻易被不同的、更新的、更好的或更有趣、更吸引人的物品所替代。

然而，具有情感价值的事物与凭借自身的审美特性、美感或吸引力与物的所有者建立情感纽带的事物之间也存在着差异。一个可以将美学-情感上可持续的物品与情感价值突出的物品区分开来的特征是：在美学上与其拥有者或使用者建立起紧密联系的物品很有可能是崭新的物件。与此同时，它们也可以是使用过的旧物，比如，古董或传家宝。使用过的物品内在地蕴含着通过磨损的痕迹来讲述故事的能力，因而能轻易地与受众或使用者建立特殊的联系。但是，需要强调的是，具备美学-情感价值的物品也可能是崭新的。考虑到本章的目的在于为设计因审美价值而具备可持续性的物品或概念构建策略性指导方针，上述观点格外引人注目。因此，核心问题就变成了，新的事物必须具备哪些构成部分或属性特点才能获得审美价值，并因此与受众建立起联系。

当一个人想要购买或使用（尤其是想要保存）一件东西时，它必须看起来有用。但是，为了能够立即且持续地吸引人们的注意，这件东西也必须有魅力或美感。后者的重要性经常被低估。人们需要美，我们在美丽、和谐的环境中茁壮成长，并倾向于购买、穿戴美丽的物品，让自己周围充满具有美感的物品。似乎从古至今向来都是如此，数不胜数的古代出土的珠宝、日用装饰品和壁画都是例证。被美丽的事物所包围且为之着迷时，我们就会在审美上得到滋养。在探讨审美上可持续的物品中包含哪些元素时，人们对审美滋养的需求是相关因素之一。

在我们的文化中，美通常被认为是转瞬即逝的东西，它簇新、"鲜活"，因衰败、磨损或老化而消失。如此一来，美就与发亮的、未磨损的、"漂亮"的、纯粹的、芬芳的以及适宜的事物产生了关联。然而，以下部分将表明，存在一类哲学美学传统，将美与不均匀、未经打磨、具有身体上的挑战性甚至老化、衰败和磨损的事物联系起来，而不与新的事物相关联。这与衰败美学相关——衰败美学这一概念深受为废墟和废弃的城市环境所吸引的摄影师所青睐——同时也存在可持续的美学方面的渊源。衰败美学歌颂衰退之物！衰败主义美学家偏好表现剥落的墙面、破碎的墙纸、覆盖着四处蔓生的野生植被的墙壁，以及满是鸽子巢和蜘蛛网的破漏屋顶中的美感。也就是说，任由事物自然生长，让时间、风和天气的破坏力在物品和建筑物上留下印记时，美就产生了。

将衰败美学——对破旧、粗糙、坑坑洼洼的物品的热爱——应用到时装设计中时，必然会挑战我们关于穿着得体的观念。要实现这一点，设计师们可着重凸显旧纺织品的光泽，或强调物品的修复、修补和原有材料的随机组合。在室内设计和家具设计方面，衰败美学的影响可以体现在对剥落的壁纸和油漆、坑坑洼洼的家具和漂白过的纺织品等材料或物品的青睐上，将它们视作最具吸引力和美感的物品。

这种思维方式为美的本质提供了截然不同的视角。如果美与崭新、发亮的事物联系在一起，因而是转瞬即逝的——在我们的文化中以及世界上部分其他地区，情况确是如此——那么美便是不可持续的。正如斯图尔特·沃克在《可持续的设计》中所说的那样：

> 这种思路表明，传统的美的观念（可称之为"外表美"或外在美）与可持续性之间存在本质且不可调和的差异。可持续性这个词让人联想到长存、连续以及持久等概念。但是，"外表美"短暂易逝。它只能在短期内存在，随时间的推移而消失殆尽。
>
> （沃克，2007:58）

可持续的物品（或概念）经久不衰；它是连续的，

含有"某种东西",使其能够保持它的实用性,而不仅仅是吸引力和魅力。在沃克看来,"外表美"与此正相反,它十分短暂易逝。一旦美"随时间的推移而消失殆尽",它就与"新"画上了等号。结果便是,物品的新鲜价值比它的审美价值更为重要。时尚行业和传统快时尚助长了这一局面的形成。

但是,耐用的物品就不能是美的吗?

毫无疑问,它们当然可以是美的。美只是一个定义问题。在波德莱尔的观念中,美或持久性可以与当代美的本质产生联系,这要求人们深入分析时代精神。这种时代精神分析是一种有效的趋势分析方法,它也能有效地为创造出可以与选定的受众"对话"的物质或非物质的表现方式构建指导方针。

时代精神分析

沙因的文化模型可用作时代精神分析的基础,以便更好地指导设计过程。[3]该理论可以帮助我们理解与设计产品相关的时代精神具有的定见或神话。由此产生的洞见可以帮助设计师理解对于时代精神以及不同的目标受众而言，什么是声望的来源以及什么是"美好生活"。

如第一章《易于解读的物品》一节所示，普遍的定见与罗兰·巴特谈论的神话有很多共同之处。在沙因看来，普遍或基本的定见对应于自明之理（沙因，2004）；它们被视作"真理"，或习以为常的定见，特定人群不会对它们产生怀疑。这类定见可能涉及工作、育儿、休闲、住房、家庭或爱情，总的来看，这些都是构成美好生活的基础的话题。举例来说，孩子应该在家庭事务上拥有发言权，浪漫的伴侣关系应该采取一夫一妻制，工作要有热情，工作与私人生活之间的界限要模糊，这些都是广泛存在的定见。这些定见之所以是"自明之理"，是因为它们难以证明或解释（事情原本就是这个样子的）。对于身处其中的人们来说，这些都被认为是理所当然的事情。人们应当对自己的工作充满热情；恋爱关系应该是一夫一妻制的；孩子也应该在家庭事务上拥有发言权。任何其他的情况都似乎难以想象。对他们来说，遇到持有相反观念的人是一件十足怪异且陌生的事情，甚至有可能导致认知上的失调。

所有普遍性定见的显著特征是，它们是不可言说的，或者至少很难用语言表达，这意味着，当被引导这样做时，特定文化群体中的成员也难以定义它们。换句话说，当他们觉得很难论证这些定见的真理性时，那么很明显，人们已经触及群体定见的"核心"了。他们充其量只能做出如下这类反应："事情就是这个样子。"可以说，基本的、潜在的定见存在于言语的终结处。即使不是不可能，也很难对它们进行论证。它们是人类个体及其归属和认同关系不可或缺的组成部分，以至于需要完全转变范式才能使之产生改变。

同样地，社会风尚也建立在普遍性定见之上。例如，自己烘烤发酵的面包或穿自己织的冰岛毛衣的风尚可能出自以下神话或定见：时间是宝贵的。如果时间被认为是珍贵的商品，需要加以保护，那么就不难想象，烤面包或织毛衣所花费的时间和精力——或者可能只是购买一件由冰岛老妇人花费80个小时亲手织就的昂贵毛衣——能彰显身份地位，而这又可以转化为潮流。对于设计过程而言，这一发现很有价值，当要决定为物品或产品赋予何种美学价值时情况尤其如此。在第六章"可持续美学的价值"中,我将继续深入探讨这一点。

沙因主要关注组织文化,他的分析模型就是在此基础上形成的。尽管如此,这一模型也能有效用于不同社会风尚的分析。根据该模型,人工制品相当于文化的可视化或感观表达。这意味着,人工制品[4]是每个文化群体最为明显的标志。这类物品指代的是所有那些人常放置在身边的物品,它们既可以是服饰,也可以是装饰用品和日用品。

用沙因的模型进行时代精神分析时,在给定时间点被相关群体视作有吸引力的、享有盛誉的、美丽的事物都应归入人工制品这一类别。举个简单的例子,某一群体的成员可能倾向于为自己和孩子购买复古的手工制作的服装,他们倾心于"慢节奏"的物品和实体文化,喜欢沉浸在书籍、唱片机和陶罐中,但与此同时,他们也可能认为新潮玩意儿和电子设备享有盛誉,必须入手(尽管毫无疑问这些都是网络文化中的"快节奏"物品)。在这个层次上进行分析时,设计师需要收集——最好完完全全是视觉和触觉方面的——那些可以代表文化群体中的成员们倾向于拥有的物品，也就是那些他们认为美的物品。

　　沙因文化分析的下一个层面涉及的是主流的价值观念和信仰。这些价值观决定了人们的偏好——例如，偏好陶瓷碗、唱片机、手织毛衣和流线型小器具。也就是说，这一分析层次关注的是群体成员为自己的偏好进行合理性论证时可能会给出的理由，例如，他们身边既充斥着手工制作的物品，也充斥着机器大规模生产出来的器具，这是很明显的矛盾。人们给出的回答中很有可能混杂着自明之理和有用的解释，这有助于理解他们对于特定事物的偏好：如，手作的、不平整的陶瓷碗的感性之美，唱片机的噼啪声；或者是现代设备的广阔社交空间和智能手机的光滑、流线型和极简主义风格，后者也能给人以感官上的愉悦。

　　然而，综合、联结人工制品的水平和价值的水平只能通过如下途径达成：在调研的过程中，深入研究、观察、分析收集的材料。只有通过综合性的分析，才有可能触及那些能够解释、阐明目标群体成员行为方式及其对某些物品的偏好的基本、潜在定见。这一部分的分析目的在于，辨析出产品面向的群体认为好的、美的物品的核心特点。在上述例子中，一个可能的结果或结论是：美存在于物品（无论是手工制作还是批量生产）所传递的感受和故事中。类似的结论就像催化剂，有助于构建出一幅拼贴画或情绪板，而这反过来又可以帮助开启一项设计过程，催生出某个产品或概念。上文概述的分析过程是最初的起点，它往往最终通向了能够"迎合"目标群体的潜在需要的产品。

因此，在①人工制品的水平、②价值的水平和③基本、潜在定见三个层面上进行的分析最终能触发一个能够抓住群体需要和时代精神之核心的设计过程。此外，这一分析（见上面的例子）向我们解释了为何无法轻易划分人群以及晚期现代社会风尚的类别，以及为何这些事物会"抗拒"我们的理解。确实，一边喜欢唱片机和陶罐之类的"慢节奏"东西，一边随时准备更新至最新款的电子产品和智能手机应用程序，而不显得自相矛盾的原因是什么？

通过采用此处简要描述的沙因分析模型，人们可以重新定义细分人群的标准，将其建立在对时代精神的理解上，而非沿用传统的细分工具和潮流分析方法，它们往往着眼于人口分布、生活方式以及消费模式。通过时代精神分析，人们将更善于在明显不同的社会趋势间，或在目标用户、细分市场人群明显矛盾的需求之间发现本质的联系。此外，沙因模型可以引领人们认识美的本质，并且理解特定时期特定人群眼中的美，对于审美可持续性来说，这一点尤其重要。

在本章中，我所持的观点是，美同时包含了短暂与恒久两种元素。美由独立于时间地点的元素组成，因此，在未来几年里，它仍旧充满趣味、不会过时；与此同时，美之所以吸引人，是因为它是新的、转瞬即逝的。运用沙因模型的意义在于，一方面用以了解持久之本质；另一方面用以洞彻给定的"美丽"物体所包含的短暂元素。相对应地，其目的是发现在特定的物品或概念中同时融入持久性和短暂性的方法。

就上面的例子而言，一方面，"慢节奏"的物品能够满足人们对一致性和持久性的需求，这些物品的外观和工作方式能够多年维持不变，因此，在某种程度上，它们就像是一个时间胶囊；另一方面，流线型、实用型小工具可以满足对于效率、短暂性和新颖性的追求。上述群体正好既渴求前一种审美体验，也需要后一种——他们同时追求慢节奏与便利性，恒久性与短暂性。

设计师应当尽量满足当代消费者对恒定性和变化性的双重需求。他可以努力在同一个物品、概念或系列中均衡地满足每一种需求，也可以主要关注其中一种需求。在后一情况中，需要注意的是，即使他出于某种原因，在所设计的物品或概念中突出了美的某一特性而忽略了另一特征，用户或消费者仍然需要在设计之中体验所有"色彩"。我将在第七章"美学策略"中回到这一问题上。

在同等程度上，美既是持久与永恒，也是更新和变化。只有通过二者间的某种相互作用，物品才能在多年以后仍旧保有趣味和有吸引力；这种相互作用正是可持续性的核心。

在接下来的章节中，我将会更加深入地分析恒久和更新这两个概念，以及它们的相互作用。此外，我将定义"慢节奏的美学"的范畴。

衰败美学，慢美学

我们珍视恒久性，看到事物保持既往的样子时，总能从中感受到一种宁静的愉悦，这样我们就不必停下日常生活的快速步伐。但是，如果亚里士多德关于感觉有其自身的愉悦的观点是正确的话，那么，一定存在另一种类型的愉悦，也即愉悦的一种变体。此外，亚里士多德还说过："有些事物以其新颖性悦人，但不久之后，出于同样的原因，它逐渐让人丧失兴味。"

（蒂森，2005:31）

这段引文出自《美的体验》（*Aesthetic Experience*），其中包含了许多有意思的观点，在本节中我将首先重点讨论：

1. 恒久性和可辨认性的重要性，它们是日常交际的前提，这在第1章中已经深入讨论过了；
2. 变化的重要性，它使我们停下来，开始注意周围的环境及其中的物品，这与第二章的讨论主题"陌生之物的愉悦感"密切相关；

3.兼纳恒久和变化或更新的重要性，因为仅有恒久性可能会使人失去兴趣，变得迟钝，仿佛进入昏昏欲睡的状态。在这一情形下，人们因为对周身的物品或环境过于熟悉而不会关注到它们；同理，变化或更新仅仅只是为了迎合观者对于新奇事物的需求，那么最终也可能让人失去兴趣。

从本质上讲，时尚关注新潮流，留意前瞻动向。但是，尽管它将前瞻性和新颖性奉为信条，它也持续不断地从先前时代的风格样式中汲取灵感。时尚通常被描述为像钟摆一样在辩证的两极之间运动，一端是极简的、"纯粹"的表现形式，而另一端是装饰性的、颓靡的和"极繁"的表现形式。这一运动既不由前瞻性主导，也不完全向后回溯，应当说，它是辩证之中的静止。

每个季节都有新的流行色、风格和主题，这对服饰、室内设计或食品来说，情况都是如此。通常而言，这些都是由与潮流风尚相关的中间机构主导的（时装行业尤其如此），它们在社会风尚分析的基础上，预报下一季的潮流聚焦点。例如,某一个主题可以是"都市波希米亚",其中包括飘逸的长袍,暖色的、繁复的花朵图案,深色天鹅绒西装和宽边毡帽。这一主题是基于如下观念提出的:在我们生活的时代,人们追求自由自在的都市生活,这使人想起了19世纪充满艺术韵味的巴黎。对于一次性文化而言,这一做法有用,但它并不符合可持续的美学。如果每一季都有新的主题,那么谁会愿意在流行黑白几何图案、极简主义式的紧身服装时,打扮得像20世纪70年代的嬉皮士和19世纪的花花公子的混合体一样呢?

那么,规避这种机制的最佳路径是什么?眼下有许多颇有趣味的、由慢节奏的设计、时尚和服饰等主导的反潮流运动,所有这些都向高歌猛进的时尚态势、无节制的消费动力发起了挑战。实际上,在一切事物前面都冠上"慢"字本身就是一种潮流,如慢食、慢节奏旅行、慢节奏生活、慢节奏育儿、慢购物等。在某种程度上,这是一个有点自相矛盾的举动,它原本是为了超越时尚的机制。不过,与可持续的美学存在关联的慢运动,蕴含了许多要点。事实上,可持续的美学可以视作慢运动的一个分支,这一分支可以被称作"慢美学(slow aesthetics)",其目的是延缓审美快感(防止它消散,以免人们将最初激发了审美快感的物品抛在一边,转而在下一个物品中寻找快感),或者更确切地说,是为了使审美愉悦的体验存留更长时间。

简而言之,慢运动提倡缓慢性,旨在向消费主义发出挑战。它注重"少而精",宣扬如下观念:在缓慢之中人们将会更加专注于周围的环境和周身的物品,而这种关注亲密关系的来源之一,这是身体、感官上的亲密关系,套用流行的表述来说,这是一种在快节奏的生活中可能会消失的亲密关系。我认为,慢运动不会像很多其他潮流一样成为过眼云烟,这一运动及其背后的意图体现了范式的转变。

如奥勒·蒂森(Ole Thyssen)所言,审美快感不仅仅关乎更新,也关乎重复(蒂森,2005:32)。一件有价值的作品,或一件好的设计,可以一次又一次地给予个体以熟悉之物的愉悦感和陌生之物的愉悦感。这正是物品之缓慢、珍贵的原因所在。与物建立"关系",也就是在如下意义上与物相联结:仅仅一瞥或一次触摸就足以引发一种全方位的舒适感,或振奋人心之感,使人能以全新的目光看待一切事物,这意味着人们将会愿意一直把这个物品留在身边。如果他最终抛弃了它,那便说明人与物的关系终结了,他也许已经迈向了人生的新阶段,想要腾挪出空间存放新的情绪和新的渴望,很显然,这是人的本能。

缓慢的审美体验能源源不断地为人提供审美滋养;持久(人们想要不断重温这一体验)和再生是其主要特征,因为它能不断地给人以新的滋养,无论这一滋养带来的是即时的享受还是震颤的快感。

为了创造具有持久美感的可持续物品,并赋予它一种美学上的缓慢性,设计师们必须在持久和变化、固定和动态、重复和更新之间取得平衡。只有将它们结合起来,才能真正为审美主体提供滋养,开启获取审美和潜在新知的可能性,以使个体在世界之中感到"自在"。这意味着,美学上可持久的物品(或概念)不仅仅包含纯粹的恒久性,考虑到恒久性与可持续性之间的密切关系,这是显而易见的。然而,持久的审美表达中同时包含恒久(也即持续很长时间或能够在时间维度上不断延伸的东西）和更新、变化或能量（也就是指那些出人意料、不平衡的，触发了大脑的运作并向人们的感官发出挑战的东西）。举例来说，恒久性可以通过能让观者心领神会的形状或色彩组合表现出来，它们易于解读、领会、使用；永久性的物品可以被快速理解且易于使用。对于美学可持续性而言，恒久性这一元素至关重要，因为在它之中潜藏着广泛的吸引力[5]，它一方面关乎可辨识性的乐趣；另一方面也满足了人类对综合与结构的需求。然而，更新和变动的能量也同样重要。为了吸引观众，物品必须能够给人留下深刻的印象，以使其与数量庞大的、充斥在世界之中的其他人造物区分开来。要实现这一点，物品中必须包含一定程度的更新和变动的能量。美学上可持续的物品中的动态能量能够牢牢把握住观者的注意力，使他一次又一次地回到物品（或概念）上来，试图找回初次遇到它时所体会到的即时快感。

当然，并不是所有的物品都应该具有同等程度的变化、更新或活力。如果目标是在受众身上激起陌生之物的愉悦感，那么与旨在激发熟悉之物的愉悦感的情况相比，设计物品应该更多地充满新奇感、不规则性以及动态的不对称性。即便如此，熟悉之物的愉悦感这一范畴下的物品中也应当包含某种程度的更新。如果目标是创造一个能够引发即时舒适感受的设计物品，那么简单地复制已有的物品是不够的。相反，设计师们有必要对熟悉的东西加以改变和再造。再创造的部分可以不那么突出，例如，使用特殊的材料，它有别于制作此类物品时通常会使用的那种材料，但是依旧可以毫无阻碍与惯性[6]地适应物品的形式，从而与其形式和用途相匹配。这种材料甚至可能会比寻常材料表现更好。在创造这一类物品时，其核心在于确定容易辨认或解读的物品，如夹克、椅子、灯或杯子等物的基本成分中可以容纳何种程度的变化，以及物品的表现形式、形状或感官品质被改变但依旧能唤起熟悉之物的愉悦感的界限在哪里？

　　美学上可持续的物品（或概念）能够吸引人们一次又一次地察看、使用、凝视或触摸它，它的核心部分既包含了易于辨认和解读的元素，也包含了一些或相当程度的动态发展、改造和变化。这是为了确保人们能够长期维持对物品的兴趣——有可能长达几十年——并且，审美主体会因此不断地重返物品（或概念）以寻求新的审美享受，并在此过程中与物建立联系。

为了将以上内容"转化"为战略性设计指导方针，设计师们首先需要明确的是，他们希望给予受众何种审美滋养，是可以引发即时舒适感的审美体验还是更具挑战性、突破性的审美体验？确定这一点后，再考虑受众的行为习惯模式、价值观念、生活方式以及感官偏好和习惯，他们就有可能在设计过程中就恒久性和革新性制定方向。

作为以创造出美学上可持续的产品为目标的设计过程的基础，以下几点值得考虑：

1.设计的目的是取悦还是挑战受众？

2.受众是谁？他具有何种文化"定见"，他如何（在符号学意义上）通过该文化"定见"解读周围环境？或者，（从现象学角度来讲）他对世界及其中的物品怀有何种感官期待？

3.设计的核心或形式能容纳何种程度的再创造？以椅子为例，考虑到受众的文化"定见"及其对椅子的期待，它的基本形式能在不与受众相脱离的情况下更新到什么程度？与此同时，如何实现为受众创造熟悉之物的愉悦感等审美目标？或者，在多大程度上可以挑战或更新"户外服装"或"外套"等物品的核心内容，从而创造出一种能够持续不断地滋养受众的审美体验？

物品的更新可以通过重新思考其功能、材料或典型风格实现，以提高设计体验和物品的功能性；或者，将通常情况下并不相配的部件组合、搭配在一起也是实现变化的方法之一，例如，将相对较软的橡胶材料与可让人通过中心部分或形式立即识别为桌子的东西搭配在一起，从而挑战传统桌子的硬度和稳定性，创造出一个没有锋利边缘、有弹性、可延展的物品，它非常适合放在儿童卧室里。如果这一构想中的物品的表面易于清洗，它的（有机）形状能为孩童所理解，并有助于他们对周围环境进行持续不断的、基于感官的探索，它就更适用于儿童卧室了。

换句话说，这里要做的是，想办法将持久性和更新性结合起来，创造出对目标群体有吸引力的产品，并在这个过程中确保产品的即时吸引力能够转化为持久的审美体验,也就是说,受众会不断地想要重新回到该物品上来。

涉及陌生之物愉悦感和崇高的审美体验时,恒久性与更新性之间的理想平衡可以通过构思和试验而实现,而这需要不断探索我们可以在多大程度上"扭曲"物品的基本形式,比如说,一张椅子的外形可以被更新到什么程度,让用户既感受到挑战,也能在审美体验中收获回馈?[7]这里的关键在于,即便特意使用某种令人出乎意料的形式、组合或多功能性的元素以使受众受到挑战、感到惊讶,物品中也必须包含某种"新秩序"或某种从混乱无序到和谐有序的变化过程。[8]设计师们必须向受众提供理解、解读、探索、使用该物品的可能性。因此,设计师们有必要问自己,他们想要在多大程度上背离物品,如,毛衣的基本形式,同时确保受众仍能辨认出它是毛衣并把它当作毛衣来使用;或者,让受众因为它的多功能特性而将其视作另一种类型的服装单品(或许它也可以当作围巾来佩戴)?

如前所述,好的设计,无论看起来多么具有挑战性、多么"扭曲",依然蕴含着某种回馈,它隐藏在人对物的理解之中。这一回馈使人对物的占有成为必要，在这一过程中人使物成为自身的所有物。当消费者占有产品，使其表现形式成为自身身份的一部分时，缓慢性就发生了。慢节奏、持久的审美是一个可持续再生的审美滋养源，它能够一次次地给人以愉悦之感。

熟悉之物的愉悦感由恒久性和更新性相结合时而产生的美好的审美体验所激发；将熟悉之物的愉悦感作为准则，要求设计师相对忠实于受众所熟悉的设计风格。也就是说，在设计过程中，如果目标是创造一个与受众的感官期待相契合，并因此将在很长一段时间内保有吸引力和趣味的物品，那么，需要做的不是进行形式上的试验，如，考察毛衣的形式可以被"扭曲"、革新到何种程度，而是应当尽量减少对毛衣形式的改动。

产生熟悉之物的愉悦感的物品的特点是，它们能够满足受众对设计风格、材料、颜色组合和功能的期待。但是，物品之中仍应包含某种程度的更新、变化或审美刺激，无论程度多么轻微，以免显得无足轻重或没有特色。更新的方法可以是使用图案错综复杂的衬里，乍看之下似乎不合适，但仍能让人感到赏心悦目，因为它符合伊顿的色彩对比设计理论[9]，能够与衬衫的颜色互相映衬。或者，也可以通过使用稍稍背离传统、但仍能与形式和功能相适应的材料来创造令人惊喜的美学设计。

赋予受众以愉悦感的美好审美体验，不是一种大众化的体验，而是一种"自在"的体验。应该这样理解，观者遇到的物品满足甚至超出了他的期望：他无法想象出比这更令人满意的物品体验。激发熟悉之物的愉悦感的衬衫是那种看起来非常舒适且时尚的衬衫，或者是那种人们看了立刻觉得非常合适、舒服、美观且彰显了自身身份的衬衫。

挑战受众的基本定见或感官期待，与此同时转向其对立面：迎合受众的期待，将这两者结合在一起以创造出能够满足受众审美需要的物品，其前提是需要深入了解受众。如果设计师们不了解受众基本的认知假设和有关身体的假设，那么，适应他们或反过来挑战他们都将难以实现。如果设计师们不了解通常情况下受众在看到花卉图案、钢、深色木头，或圆形的、有机结构的家具等时产生的联想，以及他们先于联想的身体、感官期待，那么，取悦他们或挑战他们都将非常困难。

当物品呈现出其特征时

作为研究项目"地方智慧"[10]的一部分,伦敦时装学院可持续发展研究中心的凯特·弗莱彻自2009年以来一直在研究可持续时尚;或者更确切地说,她一直在研究人们在很长一段时间内倾向于保留、养护(甚至不断修补并传给下一代)的服装的特征。这一类的项目很有意思,它与可持续的美学相关,更具体地说,与制定具体的指导方针,以创造美学上站得住脚的、可持续的服装相关。发现了人们精心呵护的服装中反复出现的特征之后,便有可能将这些特征融入新的设计中。

此外,"地方智慧"项目的核心目标是降低消费欲望。产品的触感和它所蕴含的叙事性特性细致入微地展现了它的制作过程,并因此能够在消费者和产品之间建立起感官和情感纽带,而这正是慢时尚或慢时装的先决条件,在它的影响之下,消费者能够不去关注时尚趋势的波动。

凯特·弗莱彻注重收集人们如何爱护和保养自己喜

欢的衣服的故事，这一方法可以很顺畅地迁移至除服饰之外的其他物品的制作中。事实上，以"地方智慧"为出发点，我们可以对人们与厨房用具、家具、自行车、玩具等物的关系进行设计人类学调查。这一人类学方法继而能为持久的、可持续的产品（甚至是公司理念之类的东西）的设计打下坚实的基础。

关于消费者与服装之间的关系，"地方智慧"的网页上有许多富有启发性的观点：

> 衣服就像我们的身体，时间的流逝会在上面留下印记。无论是身体的还是衣服的印记，都与我们有着错综复杂的关系。对于衣服而言，我们有时会因老化、过时、让人厌倦或磨损而丢弃它们；而有时我们则购买复古或仿古的服装，偏好那些看似很旧的东西。然而，这些都忽略了印刻在服饰中的时间流逝的能量与乐趣：记忆的锻造，知识的累积以及外观的演变。[11]

上述引文的核心观点是，我们的衣服和身体会随时间的推移而变化，但这提升而非降低了衣服的价值。此外，重要的是，理想情况下，那些我们不忍心丢弃的物品能够让人体验到一种衰败的美。

在第4章"设计时间之物"中，我将再次阐明时间的痕迹如何能够提升物品的价值。不过，在持久性和更新性的结合这一点上，需要注意的是，持久的设计以及我所说的缓慢美学中包含有一定程度的衰败美。这种衰败美提升了物品的价值，使它更具吸引力和美感。这并不是崭新、灿亮、新潮的美，而是如下意义上的美（如果在设计之初就已经注入物品中）：随着时间的推移，它将会逐渐表现出自身的美。衰败的美以划痕、缝线、补丁或不规则、磨损的斑点等形式在物体表面留下痕迹，写下故事，这些印记说明了物品曾被使用的方式，也印证了物品所有者的偏好、习惯和身份。这些"故事"赋予了物品无比珍贵的附加价值，而这一附加价值正是衰败美学和慢美学的典型特征。衰败既象征着永恒，也展现出了更新；或者可以这样说，衰败美之中隐含着一个结构良好的内核，它维持着物品的形状，与此同时也为物品的改变留有余地，使物品在使用过程中逐渐表现出自身的美。正是在这一改变过程中，物的所有者将物转化为自身的一部分，在物之中表达自我。

衰败也是一种更新。这句话也许自相矛盾，但是，它表达出了美学上可持续的物品的特征，这些物品优雅地老去，衰败美在这一过程中萌发出来。衰败等同于更新，这是因为衰败的美持续不断地吸引着受众的兴趣，让受众着迷。随着时间的推移，衰败的过程改变着物品，使其产生变化，并具有一定的动态变化范围，从这一层面来看，衰败意味着更新。换句话说，在物体中撒下衰败美的种子是一种糅合持久性和更新型的方式；这同时也是创造审美上可持续的物品的方法。在衰败美之中，物品不断更新自身，并因此可能在未来许多年里持续不断地吸引用户的注意力。

但是，怎样的物品才能拥有衰败美？如何设计出包含衰败并在衰败中"开发"的产品？创造衰败的方法之一即是设计一件合身的衣服，它有能随身形的改变而改变的修身版型；另一种方法是，设计出能与使用者的生活步调保持一致的家具，它能在美学层面上而非在功能层面上慢慢适应使用者个性的渐进发展。还有一个选择是，创造出能在某种程度上留下使用印记的物品，比如，磨损能够增加它们的美感（这是有意设计的，从形式到材料的选择都是如此）。将变化的可能性注入物品中并不一定涉及多功能性；关键在于创造出在美学层面上老化，并且随着时间的推移变得更加美丽的物体。同样地，物品之所以能够长时间甚至在我们整个生命中彰显我们独一无二的身份，是因为它们的日渐衰败表达了这种特殊的设计态度。此外，创造衰败美的策略也可能带来具有适当程度的"中性"特征的物品，它们能够融入不同的环境，在与其他物品的结合中呈现美感。

另一个可行的方法是，在其他文化中寻找灵感。该文化需要有修复、维护和照养物品，且以物品的磨损为美（也即具备上文所说的再生性）的传统。日本文化及其侘寂传统恰是如此。

侘寂美学

在《侘寂——为艺术家、设计师、诗人、哲学家而著》（*Wabi-sabi for Artists, Designers, Poets & Philosophers*）中，美国建筑师和设计理论家伦纳

德·科伦（Leonard 科伦，1948— ）谈到了他与侘寂哲学的"相遇"："侘寂引领我走出了艺术的困境，让我在创造美的物品时，不会陷入通常围绕着这种创造性行为的令人沮丧的物质主义中"（科伦，2008:9）。侘寂是一种日本美学哲学，它颂扬简单、克制、质朴和消亡；与禅宗关系密切。侘寂通常也与日本茶道有关，在茶道中，所有的动作都是经过编排，专注、缓缓进行的，所用的物品都是依据质朴、克制和简单的审美理想精心挑选的。不规则的、手工感突出的杯子和碗被认为是最有价值，因而也是最具美感的茶道用具。美让人联想到大自然，冥思和正念从中生出。自然不是由平滑的表面和完美的打磨组成，而是由有机的形状，凹凸不平的、触感明显的、让人兴奋的平面，以及对称和不对称之间的相互作用组成，而这些正是侘寂美学的理想表现形式。

从侘寂美学及其设计原则来看，物品应当反映人类生活与自然易于消亡、转瞬即逝的特点。因此，很重要的是，这些物品需要包含"扭曲的"和不平衡的属性；它们应当具备某种程度的不完美。侘寂美学认为，不完美中隐含着真正的美。此外,侘寂之物应当充满缓慢感,并引诱人们前去使用——这一引诱可以经由能够刺激触觉的外表和天然的材料(例如皮革、木头等)表达出来,随着时间的推移和频繁的使用,这些材料将会给人以愈加美妙和精致的触感:

> 材料的物理衰变或自然磨损并非减损反而增加了物品的视觉吸引力。正是纹理和颜色的变化为想象力提供了进入物品并更多地参与物品退化的空间。现代设计经常使用无机材料,与时间的自然老化效应相对抗,而侘寂欣然接受它们,并试图将这一变化过程融入整个设计中。
>
> (朱尼珀,2003:106)

侘寂之物欣然接受时间的磨损和日常的使用所留下的痕迹;甚至认为它们具有美化的作用。侘寂实践者认为,时间、岁月赋予了物品额外的深度,很显然,这一美学偏好有助于提升物品的持久度。在第四章《设计时间之物》中,我将讨论时间的摧残和使用的过程会如何使物品充满故事性,并因此在主客体之间建立起牢固的情感纽带。这一观点在很大程度上受到了侘寂哲学的启发。

侘寂之物是不对称或不规则的,且在某种程度上受随机性支配。当艺术家或设计师们在创作过程中与他的材料"对话"时,随机的表达就产生了。这可以理解为,艺术家或设计师们应该让材料"引导"设计的过程,而不是专注于一个总体的、概念性的想法。从侘寂的观点来看,在设计过程的试验部分,设计师们应当摆脱理性、结构化的思维,转而让直觉和手中的材料带着自己走。我们在这里找到了与现象学的联系。侘寂注重材料及其"意志"以及个体的触觉,这与现象学家的观点——与世俗现象的先于理性的、感性的互动是洞见的首要来源——存在一致性。此外,侘寂理念也与奥尔斯科夫的想法类似。在《探索物品》一书中,奥尔斯科夫指出,如果雕塑家认为他的职责是创造符号,那么毫无疑问,他将以一种倒退的方式进行创作,有可能会创造出一时流行、转瞬即逝、不可持续的物品(奥尔斯科夫 1999:101)。雕塑家必须与材料"对话",以创造出可持续的物品,吸引观者对其进行探索而非解读或诠释[12]。

"侘寂是瑕疵、无常、残缺之美;它是朴素、简陋之物的美;它也是不同寻常之物的美。"科伦如此写道。(科伦,2008:7)对于可持续美学而言,除上述特点以外,不完美、不均衡、"扭曲"、未完成以及不对称等侘寂美学特征也具有重要的参考价值。

将背离常规的物品视作珍贵、美丽的东西,这让我们想到了陌生之物的愉悦感和崇高的审美体验。背离常规意味着颠覆惯例、传统和常态,其中包括推翻我们对世界及其中的物品的期待。不同寻常之物动摇了我们根深蒂固的先入之见和内涵解读方式。

不同寻常的物品具有再生性——它依循侘寂的方法,尽管是以较通常情况更为简单的方式——从不同的路径为人类提供解决实际问题的方法。它可以是具有不寻常的材料组合或使用不同表现装饰的物品。侘寂美学是颠覆期望和背离常规的推动力之一,它延长了观者探索、理解物品的时间,给予他们唯有超越性的、开阔眼界的体验才可激发的情感冲动的愉悦感。

因此,持久性与非常规性密切相关。依据侘寂美学原理而创造的物体背离了传统的美的理念，这些理念往往与转瞬即逝的潮流趋势相联系，因此，它们的可持续程度比较低。所以，我们必须看到，侘寂的审美乐趣不同于"常规的"、舒适的但无足轻重的美的体验。根据侘寂哲学的观点，真正愉悦的审美体验中应该包含某种心理上的运动或发展。

除此之外，谦卑是侘寂美学的核心要素。它注重细节、偶然之美以及触觉的变化，能够让受众在未经加工、不规则的自然元素中收获微妙、亲密的感觉体验。因此，设计师们需要使用柔和的、基于自然染色的色彩；并抛弃宏大的概念思想以及形形色色的规定意义和象征意义，让偶然性、随机性主导制作过程。艺术家或设计师们不应将意义强行注入物品中相比，他们需要做的是，让材料"说话"并引领他们行动："很多时候不添加比添加更重要"。（朱尼珀，2003:107）谦卑与非传统性的组合与我个人的想法非常接近，即审美可持续性源自持久和更新的结合。

侘寂美学挑战了我们通常的（西方的，当代的）审美观。侘寂所体现的是持久的美。在不完美、粗陋和未完成之物中发现美，这与西方的消费主义背道而驰。在西方文化中，美丽往往与锃亮、浮华、已完成的物品挂钩。我们对未完成的产品不感兴趣，也不关注过程，这就是为什么西方设计师很少公开分享他们的创作过程，物品或概念在被打磨和准备好之前不会呈现给世人。

然而，人们对产品背后的过程或时间越来越感兴趣。我认为，这一兴趣是我在本章前面"慢运动"那一节中提到过的范式转变的一部分，这是时代精神的转变，人们对纯手工制作的物品产生了日益浓厚的兴趣。

这一范式转变正在引起消费文化的改变，仅从人们对在某种程度上不受时间影响的耐用物品中的可持续性越来越感兴趣便可看出这一点。更重要的是，美的标准也在发生变化。我将在第6章"可持续美学的价值"中讨论这一点。

可持续的物性

衡量"持久"产品寿命的最佳标准是情感和文化指标：服装所承载的含义、使用方式以及穿着者的行为、生活方式、愿望和个人价值观。这些移情作用已经被企业充分探索与理解，因为它们是提升销售量的营销策略的基础。这些信息的运用，除获得经济利益外，还可以指导人们进行情感依恋设计，优化产品寿命，获得可持续收益，这一块对人们来说异常陌生且棘手，因为它挑战了现有商业的核心模式。

（弗莱彻和格罗斯，2012:85）

正如凯特·弗莱彻和林达·格罗斯[①]在《可持续性时装设计：变革设计》（*Fashion & Sustainability: Design for Change*）（2012）一书中所明确指出的，试图延长物品或产品的寿命（无论是通过质量、情感还是美学手段）会遭遇某些挑战，这要求人们改变现有的思维方式。

建立客体与主体——产品与消费者——之间的情感纽带需要一种致力于培育、维护和关爱事物的设计策略，而不是通过利用消费者对"完美的"、全新的、精致的事物的迷恋来引诱他们。在我看来，诱惑并不是一

---

① 林达·格罗斯（Lynda Grose，1995—　）：加利福尼亚艺术学院副教授，可持续性设计师、顾问、教育者。

个完全负面的词。人类倾向于且喜欢被诱惑：诱惑中含有一种特殊的热爱与满足。然而，不断寻找新的、不同的或更令人兴奋的东西的行为在某种程度上是无趣且无意义的。即时的迷恋往往是暴风雨般的，但同样也是转瞬即逝的，它本身并不能持久：

> 主体-客体关系的最初阶段充满激情，是一个蜜月期般的高度协同的时期。在此期间，一切都是新的、有趣的，双方在狂热之中消耗彼此。然而，蜜月期本质上是短暂的，最终必须得让位于必然来临的常态。
>
> （查普曼，2011:63）

乔纳森·查普曼此处所说的"常态"可以用来描述我们与事物的日常关系，尽管表面上带有负面意味，这一日常关系实际上建立在尊重和持续的利益之上；事实上，这种关系类似于情侣间的积极的爱情关系。"常态"自然应该是继诱惑或"蜜月期"之后的自然的"下一阶段"，但是在绝大部分的主体-客体关系中，这一"常态"都未出现。为什么会这样呢？因为我们已经习惯了"新"的事物。新的，顾名思义，就是最好的、最有趣的、最具回馈的，并且也是最为美丽的。因此，对人们来说，购买新的东西或更换那些被认为"逐渐衰败"、早已过时、日渐磨损的旧物是愉快的行为。正如查普曼所说的："近些年来，消费者已经成为接连不断度蜜月的人，今时今日的主体-客体关系不似婚姻，而更像是一夜情"。（查普曼，2011:63）

主体与客体、人与物间的持久关系被日常生活的常规状态及其循环往复所填充。在这种情况下，重复便成了不断涌现的乐趣与审美快感的源泉。

只有在以持续、常态为主要特征的持久的主体-客体关系中，事物的衰败才能被体验为具有审美性的，或被认为是美的。衰败所体现的是事物自身所承载的故事，物品若要形成自身的品格，获取持久的吸引力，衰败至关重要。参照查普曼关于主客关系早期阶段的比喻（坠入爱河和蜜月期），常态或衰败之中所蕴含的吸引力可以比作情侣间的恋爱关系。情人腿上的伤疤、眼睛周围的皱纹都是美的，是他独有的特征，因为在伤疤和皱纹中包含着他从自行车上摔下来以及他大笑的时刻。

同样地,审美衰败也能提升物品的价值。

在主体与客体、人与物间的持久关系或纽带中,从某种意义上说,二者间的分离几乎已经不复存在了。例如,一条破旧的牛仔裤可能会逐渐成为所有者的一部分,变成他的第二层肌肤。正因为它的磨损,牛仔裤看起来就像是融入了穿着者的身体,这恰恰是他希望尽可能长久地保留它,甚至试图不断修补它的原因所在。

上文提到过的项目"地方智慧"采用了一种将民族志与设计过程相结合的调研方法,目的是确定不同文化背景的人们如何使用、保留、修补他们的衣服并与之建立联结。该项目的网站详细介绍了一些来自美国、澳大利亚、加拿大和部分欧洲国家的人的故事,这些人曾与特定的衣服建立过联系,他们如此喜欢穿着某些衣服,以至于不愿意丢弃它们,如有必要,甚至还会不断修补它们。

如该网站所示,这些特别的衣服有某些共同的特征,例如:

1.它们经常被人穿戴并且从未清洗过(尽管它们并

不是皮革材料制成的)。

2.它们是别人留下来的或是二手的。

3.它们很容易修复。

4.它们在每一个场合都令人赞叹。

5.它们很灵活,有多种不同的使用方式。

6.它们的制造或设计可以满足多种不同的需求。

7.他们展示并讲述着使用者的穿着方式。

上述这些耐用的服装的特征都与审美可持续性有关:它们证实了许多我在讨论如何描述审美可持续性物品时所提出的观点,并对其做出了补充。在以下部分中,我将根据上述特征,介绍一些创造持久、耐用产品的策略。

(1)有良知的、穿着得体的消费者

如前所述,审美可持续性在一定程度上意味着穿着得体、好看。受"地方智慧"项目的启发,致力于可持续性的设计师的目标可以是创造出不需要或者至少不怎么需要清洗、清洁的产品——在本例中指的是服装,但是这种思路可以扩展至其他不同的产品类别。这样做意味着将磨损的痕迹以及那些由于没有对物品进行清洗而必然会产生的"污垢"融入产品的审美表达中。这是在主体和客体之间建立牢固情感纽带的策略之一(随着时间的推移,个人使用会影响、改变客体的表达,使它在某种意义上成为主体的一部分)。如此一来,客体就被时间所充盈,在下一章中,我将回到"时间"这个概念上来。

穿着得体的具体含义是由文化决定的,因此,设计师可以施加一些影响。穿着得体并不一定意味着穿"干净的、熨烫的"衬衫,它也可能意味着做一个有良知的消费者。如此一来,穿着得体可能等同于穿符合伦理规范、使用环保工艺制作的衣服。很显然,这种内涵的转变要求设计师在设计过程中持续关注某一个特定的点,更加注重产品的交流特性而非产品本身,让消费者知悉产品背后的过程并对之产生兴趣。我将在第6章的"传达可持续审美的价值"章节继续讨论这一点。

（2）传家之物、旧物

二手的或复古的物品以及传家之物中都包含着许多内在的故事与印记，这一特性在设计新物品时难以模仿。通常而言，这些使用痕迹能够与受众或使用者建立起特殊的联系。此外，使用过的物品的审美价值是独一无二、别具一格的。在二手商店或旧货拍卖会上发现一个别致且漂亮的碗、一条色彩绚丽的美丽披肩或一顶造型精美的帽子，或者从祖父母那里继承的一条项链、一块手表或一件手工毛衣的价值并不亚于伟大的发现或独一无二的宝藏的价值。毫无疑问，一旦发现或者拥有这些"宝藏"，人们将永远不想放弃它。如果确实放弃了，那很可能是将它传承给一个非常特别的人。这样的物品在美学上必然是可持续的。

（3）易于修复

持久意味着可以修复，这一概念简单而具体。如果物品不能修复，那么日渐破损的时候，它显然就不能再继续使用了。因此，很重要的是，修复物品是现实可行的。对于设计师来说，如果他们想创造持久的产品，那么在最初的设计过程中就应该考虑这一点。例如，赋予物品以可修复的潜力需要的不仅仅是为夹克提供额外的纽扣，设计师必须从根本上考虑受众如何能够轻松地维护、维修产品，这种维护、维修也许可以以一种有趣、快乐的方式进行。对于许多类型的产品而言，这将会是一个受欢迎的附加特性，对玩具来说尤其如此。

创造易于维修或维护的产品的另一种方法是减少抛光（参见前面关于缓慢美学的部分）。高度抛光的物品很快便会显现出"疲态"。此外，它们难以修复，因为补缀、缝合或着色（稍微改变原始的细节）等细小修复会很容易让物品看起来有瑕疵。但是，如果原始设计借鉴了侘寂美学，那么修复只会进一步增强本已不甚规则、多种多样的表面结构，提升整体感观表现。

（4）惊喜的持续效应

每次使用时都会给人惊喜感的物品具备为受众提

供某种特别的审美快感的"能力",这一审美快感即是陌生之物的愉悦感;由于这种内在的令人惊喜的潜能,这些物品必定具有持久性,因为受众想要一次又一次地回到它们的身边。这些物品可能挑战了普遍性的审美原则,因而也挑战了个体的感官,它们也有可能完全颠覆传统,又或者它们只是稍微扰乱了受众的基本定见。

在这一点上,人们很可能会问:为什么在我们的时代和文化中,人们总习惯期待新事物的发生;为什么新事物显然就是最有趣、最令人兴奋、最有价值且最美丽的事物?难道人们不能一次又一次地被同一个物品或产品所吸引吗?或者有人可能会问:要怎么做才能感受到吸引力,重新坠入爱河,在长达数十年的时间里持续迷恋熟悉的物品?

(5)灵活性和多功能性

我之前提到过,有多种使用方式的、灵活的物品是持久的。然而,我认为,最为持久的灵活性是那些将更新与永久相结合的物品。[13]

"地方智慧"项目主要关注的是如何将多功能性整合到物品中,与此同时为消费者量体裁衣,打造独特、个性化的使用方式。此外,它的理念是,设计出中性的但仍然讨人喜欢的服装单品,赋予它们以灵活性,使之能够在许多不同的环境中使用,并可以与许多其他的饰品搭配以改变它们的表达(穿得正式一点或者休闲一点)。中性、克制的设计是最具有持久性的设计,这一观点类似于能够激起熟悉之物的愉悦感的产品具有持久性和审美可持续性。

通常而言,采样针对的是一系列分布在不同产品上的功能,但是它也是创造多功能性的一种方式。我们可以在智能手机这一多功能性的典型例子中得到启示:生活中必不可少的智能手机将手机、相机、记事本、GPS(全球定位系统)等融为一体,从而将一系列原本分布在不同产品中的功能和服务汇集到一个产品或概念中。

(6)适应不断变化的需求

考虑审美可持续性时,设计师必须牢记他自身的作用。产品的设计应当适应使用者不断变化的需求。能够跟随使用者的人生进程不断调整的物品必然具有极强的审美可持续性。它可以是外形可变化、能够自洁或易于重新布置的家具；也可以是一件衣服，当人们的体形改变、衰老时，它的风格和形式也可随之调整；或者，它也可以是一件日常用品，能够依据需要的性质或主人的生活阶段改变使用方式。讲到这里，我不禁想起了我儿子出生时我收到的一个带有拖拉机装饰的小碗。这只小碗最先是用来给小家伙盛土豆泥的，后来装过珍珠、零食、草药、汤，以及小狗喝的水，等等。它的形式很完美：略宽且不太深，拖拉机的造型复古且充满童真。碗很实用，并且造型的趣味性始终如一。尽管事实上，我很确定地知道，它的设计并没有着眼于美学上的可持续性。

一般来说，为适应不断变化的需求而设计的物品都经久耐用，人们可以不断地触摸、使用、察看它们，或用它们来搭配其他物品；人们愿意终生将这些物品保留在身边；它们是审美愉悦和滋养的源泉，永不枯竭，不管给予人们的是熟悉之物的愉悦感还是陌生之物的愉悦感。

在《衰败美学，慢美学》一节中，我提出了如下观点：在物品中播下衰败审美的种子，使它同时具备变化与永恒的潜能，从而成为审美上可持续的物品。在设计过程中赋予产品或物品以变化的潜能，这一点对于物品之持久性至关重要。但是，创造审美衰败与设计出能够适应用户不断变化的需求的产品之间还是有区别的。若想逐渐并持续给予物品使用者满足感，设计师们需要深入了解目标群体的身份、价值观念和基本定见（关于"真理"和美好生活的定见）；相比之下，创造衰败审美则需要从现象学的角度来理解客体与主体。为物品奠定审美衰败的基础，这要求设计师们对材料与形式（无论它是椅子、夹克或杯子）有专业的理解，并进行一种类似于共生性的试验，以确定这一材料与形式如何才能以最具美感、最为有趣且感官上最令人满足的方式接纳磨损，留下印记。

（7）印刻在使用痕迹中的故事

能够展现并讲述其制作过程的服装是可持续的，

从这一观点出发，我们能很自然地过渡到下一章节《设计时间之物》。该章节将介绍三种在设计之中"注入"时间以创造持久产品的方式。除了印刻在使用痕迹中的故事以及由此产生的持久性以外，该章还将在可持续性维度上探讨物品的生产、制作过程以及人与物的"共在"。

在《可持续性时装设计：变革设计》一书中——本章标题的出处——凯特·弗莱彻和林达·格罗斯介绍了多种设计灵活服装的方式，如"跨功能、多功能、跨季节、模块化服装"以及"可以改变形状的服装"（弗莱彻和格罗斯，2012:77-83）。例如，在夹克中使用可拆卸的衬里、带拉链的袖子，或加入一些消费者可自由更换、组合的模块化组件，便能设计出可以在多个季节——如夏季和冬季穿着的服装，这些服装延长了常规衣橱的使用时间。灵活的服饰最大限度地降低了变换和更新衣橱的需要。根据分析结果，弗莱彻和格罗斯指出，如果当前对潮流和季节的强调被持久性的理念所取代的话，那么时装设计师的角色将会发生变化。

从质量和审美的角度来看，可持续的、灵活的产品能够经久不衰。随着消费者们对这些产品的需求不断增加，惯于创造既不能也不是致力于长久使用的产品的设计师们将需要重新审视他们的设计方式。因此，在这本书中，除讨论审美可持续性以外，我还关注审美价值和制造审美体验的策略。

注释

1. 另请参见第一章《优美》一节中毕达哥拉斯关于美的描述。
2. 记住椅子的美感在于，将它用作椅子是恰到好处的（参见第一章《优美》部分）。
3. 请参阅第1章《易于解读的物品》，我在这一部分中介绍了沙因的理论。
4. "artifact"一词来自拉丁文arte factum，意思是"作为工艺或艺术的成果而产生的东西"，也即作为人类活动的结果的物品或过程。
5. 参见第一章《遵循普遍性审美准则》部分。
6. 参见第一章《最小惯性体验》一节中奥尔斯科夫对于"惯性"概念的运用。
7. 参见第二章《崇高》部分。
8. 参见第二章《崇高的各个阶段》，我在此描述了崇高审美体验的发展：秩序-混乱-（全新的、提升了的）秩序。
9. 参见第一章《颜色的通用效应》。
10. www.localwisdom.info
11. www.localwisdom.info/gallery/view/360/back-mending
12. 参见第一章中的《最小惯性体验》，我在其中进一步提到了探索和解读物品之间的区别。
13. 参见上一节《衰败美学，慢美学》。

第四章
设计时间之物

设计蕴含时间性的物品是在物与受众或使用者之间建立情感纽带的一种方式；它也是赋予物品以持久性和审美可持续性潜力的方式之一。因此，当物品成为时间的容器，并因此承载着现实的、客观存在的、具体的故事时，它被赋予了情感与触觉价值，它不再只是一个物。从某种意义上说，物品变成了灵验的胶囊，能够促成短暂的时间之旅，打开一个通道，引导主体返回或重新潜入那些隐藏的或遗忘的感觉、身体记忆与情感体验。

前几章着眼于审美体验，本章和下一章则分别聚焦时间之物和神奇的物,以凸显物本身的价值。探讨时间性意味着物品本身将成为前景,而上述的主客体间的互动则退入背景之中。如此一来,相比主体的文化"信仰"和他个人的准则,物的审美体验方面占据了更为重要的位置。

受众的体验难以掌控。对于给定的受众或细分市场,可以分析哪些特性将会触动受众,以明确材料、结构和形式等将如何呼应受众的熟悉感和舒适感,这是可以实现的。此外,设计师还可以借助由文化决定的元素,如潮流趋势和价值观念等,将符号价值融入产品,从而把目标群体的品位与偏好凝结在其中。但是,设计师无法完全保证产品一旦上市,就能被人们以预期的方式解读。

相比之下,如果将实质性的审美价值放在物品身上,而较少关注人对物的主观体验和阐释,那么设计师便更有可能创造出持久的东西。注重为物品本身增添时间感或赋予物品其他的品质,以规避掌控主客体关系时的困难,也就打开了创造持久耐用的设计的可能性。换句话说,以物品为导向的设计背离了接受美学,也不考虑意义发生在作品与受众的互动中的观点。相反，注意力转移到了所谓的"物的神性"上，也就是物本身所固有的那种神性。

物品或概念的发送者或创造者不可能完全超越如下事实：受众的文化"信仰"会影响他对产品的理解、解读与探索。毫无疑问，类似的因素难以掌控，但是，可以通过创造出蕴含着内在"故事"或具备某种普遍性的物品，它们可以消除多种解读或探索方式的可能性，以最大化降低这些因素的影响。物品的普遍性之中含有某种程度的审美可持续性，这一持久性能够超越地域与时间。

在设计物中注入时间的方式之一是引入"生成时间"，让设计过程在物品中可见，以便在客体和主体之间建立起"关系"。物品的三维空间存在之前所发生的故事成为这一关系的存在原因。关于生成时间的故事可以口述出来，重点讲述设计过程、方法与技艺，这一故事也可以复制在吊牌上或转载到设计师的网站上；讲述这一故事的另一方式是，突显设计师摆弄材料的过程，或在产品中加入刺绣、蕾丝或针织等手工元素，以在制成品中保留制作的痕迹。

后一种为物品注入时间的方式格外有趣,因为它让物品变成了实际意义上的时间载体,也就是说,物品本身看起来就像是一个时间胶囊。

物品变成时间容器或载体的另一种方式与它的衰败相关。如前一章所述,衰败是具有审美性的;它能够提升物品的价值,从而为物品增加一种美感,这是一种由于时间的蹂躏而显得残缺、粗糙、随性的美。在某些情况下,时间的"蹂躏"会变成物品的装饰,使其更有趣,更迷人,更具吸引力。磨损会产生瑕疵,使物品更具触觉上的刺激性,简单来说,就是更具美感。物品的磨损见证了它的使用过程和它所历经的时间。

在某种程度上,衰败审美是可以被模仿或复制的,它可以被塑造为某种公式,尽管这一模仿并不完全,因为在模仿的过程中物品的真实性必然会消失。虽然如此,设计师依旧可以让物品以美学上持久的方式,也就是以愉悦人心的方式衰败或磨损。如此一来,物品中便充盈着时间,并因此获得了情感和审美上的持久性。[1]

为物品添加时间维度的第三种方法与陌生之物的愉

悦感相关，它涉及的是探索、理解物品所需要的时间，这要求人们在物理空间上与物品同在。与上述两种方法相比，这一将物品时间化的方式显得更为抽象，因为此处我们讨论的既不是制作物品所需的时间，也不是物品历经的时间，而是理解物品所需要的时间。换句话说，主体从"邂逅"物品到理解、接受它的结构、形状、表面、密度等，需要多长时间？至关重要的是，这一时间化物品的方式与主体与物的现象学互动相关。

在《探索物品》（1999）中，威利·奥尔斯科夫讨论了三个与探索审美可持续性高度相关的时间概念：生成时间、存有时间和存在时间。这三个概念可用作讨论如何为物品注入时间的依据。在对奥尔斯科夫时间概念的阐释中，我以这三个概念为指导原则，阐明了设计师应该如何在设计过程中为物品注入时间，从而在主体和客体之间建立持久的联系。因此，为物品注入时间也可以是创造审美可持续性的一种方式。此外，这三个时间概念还可用于设计物品和概念的分析、理解、解读以及探索。

奥尔斯科夫的现象学观点表明，他认为物体以及意识所表现出来的东西（现象）是获得洞见最为关键的途径。换句话说，身体和感官是人类摸索、理解世界的重要入口。而物品（对奥尔斯科夫来说主要是雕塑，但我的阐释中也包含更广泛意义上的设计物）是深入了解生活和世界的来源，这一了解是身体与感官层面的，而非源于认知或反思。

现象学视角的审美体验既不是智性的，也不以任何一种方式建立在思想之上；相反，它是身体性、感觉性的。在这方面，值得指出的是，"美学"一词的词源，即希腊语"aisthetikos"的真正意思是"去感觉"。在谈论审美经验时，人们实际上谈论的正是感官经验，至少这个词的本义是这样的。

物品的象征性，也即物品可能的内涵或触发的联想，在奥尔斯科夫看来，只是次要的性质，而它纯粹物理性的、空间性的存在或在场才是首要的性质。因此，与物品同在，而非阐释它的象征意义，主体才能以新的方式接近世界。

如果雕塑家（或设计师）在创作过程的初级阶段就已经根据象征价值决定了物品的"命运"，那么，在奥尔斯科夫看来,他们正在采取一种倒退或颠倒的方式,很有可能创造出转瞬即逝的物品,奥尔斯科夫称这些物品为"时尚现象"(这是一个严格的否定名称)。持久且真正实用的物品是与时尚现象或所谓的潮流相冲突的。

持久的、审美上可持续的物品能够为使用者提供深刻的感官体验。在这一体验中,受众直面他对世界的身体期待,这些期待可能会被证实,也可能被否定。这里我们又回到了本书所论述的两大审美体验:熟悉之物的愉悦感和陌生之物的愉悦感。

在接下来的章节中,我将重新阐释奥尔斯科夫的时间概念,将它作为章节划分的节点;本书余下的部分也会更加广泛地运用奥尔斯科夫的关于时间的洞见,在它的基础上讨论审美可持续性的问题。

生成时间

在奥尔斯科夫看来,生成时间本质上就是将给定材料塑造为成品所需要的时间。他这样描述这一时间过程："生成时间涉及在与物质相遇时它所表现出的力和速度：创造的进程，或形成的节奏，也就是发展的节奏"（奥尔斯科夫，1999:85）。通常情况下，创作所花费的时间越长，最终的设计形式也就越复杂（尽管情况并非总是如此；有时，短暂的时间内可能产生复杂的构图或让人迷惑的形式；同样，缓慢处理材料时也可能会制造出简单、易于理解的形式）。在这种情况下，生成时间要么与在物品中所实践的创作过程有关，要么关系到产品制作的过程与时间的呈现。

让受众参与到产品的制作过程中能够帮助客体和主体建立可持续的联系。这是因为，一方面，与产品创造相关的故事"迎合"了人们对缓慢的偏好，这是我们当下的特征[2]，这些产品与概念是精心制作而成的，充溢着能量与缜密性；由于对材料的全面加工和/或一系列针对产品开发的细致考量，生成时间被延长了，产品的价值也因此有所提升。另一方面，从更为普遍、恒定的角度看，当受众调动他的感官，从触觉和视觉层面上对物品进行审视时，他就能参与到材料的加工过程中，并对其形式进行思考，从而提升他与物品互动的程度。

设计师可以在他们的物品或产品中注入生成时间和制作过程,以便将创作的节奏融入其中。也就是说,将材料为呈现预先设定的形式(或制作过程中逐渐形成的形式)所经历的过程纳入其中,以使物品脱颖而出、易于理解。

"物品就是被冰封或固定起来的事件。"奥尔斯科夫如是写道。(奥尔斯科夫,1999:77)当物品充溢着生成时间时,受众所参与的正是物品背后的事件或行动。这样一来,物品便从静态的三维物体转变为体验和故事,它们在被受众注视或触摸的那一刻以某种方式表现出来;物品的过去制约了它的外观,但与此同时,就像一个有机体一样,物品也有未来,这意味着它将会继续存在、发展。

我在前面已经讨论过衰败美学,并且,在这一方面,我认为衰败在某种程度上也是更新。也就是说,以符合审美的方式老化的物体不会失去随着时间的推移而丧失自身的价值,与此相反,它的审美价值会不断增加,从而使它走向更新。在时间的推移和使用的过程中它们不会停滞不前,而是会不断发展,"展现出其特性",这样的物品在美学上具有高度的可持续性。创造出一个物品,并希望它能以审美化的方式逐渐改变表现形式并老化,这也许需要在它尚未完全成型的时候就将它的表现形式固定或"冻结"起来。此外,生成时间应该是明显的,以便受众能够理解物品的过去,了解它在当前形式之前的历程,并且将这一历程内化,这就像当一个人逐渐了解对方的过去时,他对对方的感情也会不断加深。

将生成时间化为物品上可见或可触的痕迹,这是避免让物品看起来过于"完美"[3]、不宜使用的方式之一。对于抛过光的物品而言,正常的使用往往很快便会留下明显的磨损痕迹,这并不是人所乐见的。但是,有意设计的因触摸或使用会留下痕迹的物体很容易让它看起来更具美感、趣味性和吸引力。这种形式的磨损改变了物品被固定时刻的形式,不断补充物品的故事,给它增添了一种永久的更新感,这有助于在物品及其所有者之间形成牢固的联结。在这方面要讲的另一点是,如果物品是冻结或固定的事件,那么设计师们也可以在某个更早更晚的阶段将这一事件固定下来,从而赋予该物品以完全不同的表现形式。

对于奥尔斯科夫来说，艺术家（或设计师）应该以材料为导向，以避免在设计之初受制于一套限制性的设计概念思想。如果一开始就对设计成品有了想法，那么他就阻挡了不同的、潜在的、持续不断的创造能量。材料应该引导过程，这一观念中蕴含着审美的随机性。将设计交付给随机性，从某种程度上来讲，是让它顺从于创作过程和生成时间，这能够为设计出充满生成故事的物品或产品预留出空间，避免只在概念层面模仿设计过程的痕迹。

除了以明显的缝合、手绘元素、贴花或类似"指纹"等的形式出现在物品的形式、表面或结构中以外，生成时间也可以出现在物品或产品的故事中。例如，可以将语言信息附在产品上，用以讲述与另一位设计师或艺术家合作的故事，或者用以说明特殊的（可能是本土的）工艺技术如何被运用在该产品的制造过程中；也可以给予产品一个标题，以表明材料是如何被塑造成当前的形式的。就对设计过程纯粹身体性的、感官性的探索而言，上述这些为产品注入生成时间的方式不那么吸引人；尽管如此，这些方法能够帮助设计师们在主体和客体之间建立牢固的联系，因为它邀请用户/受众"深入内部"，将产品背后不为人知的知识告诉他们。

让受众参与到物品准备好被"投放"到世界的那一刻之前的过程中，从而让他参与到生成时间中，是在客体和主体之间建立持久联系的一种方式。因此，这是设计师致力于创造美学上可持续的形式的一种方式。生成时间的痕迹可以为物品增加多重维度的复杂性，确保受众不会在短时间内结束与物品的关系；相反，他会为之着迷，想要一遍又一遍地回到它身边。因此，主体和客体之间形成了联结，直到物品将不再存有。

这将我引向了奥尔斯科夫的第二类时间：存有时间。

存有时间

"确实，我的外祖母从不凑合买那些智力方面得不到补益的东西，她尤其看重能教我们在物质享受和虚荣满足之外寻求愉快的优美的作品。即使她有必要送人一件实用的礼物，譬如一把交椅、一套餐具和一根拐杖，她也要去找'古色古香的',似乎式样既然过时,实用性也就随之消失,它们的功用也就与其说供我们生活所需,倒不如说在向我们讲解古人的生活。"

(普鲁斯特,2004:90)

在《追忆似水年华》的这段话中,叙述者告诉我们,美丽的事物如何教会我们从"物质享受以及虚荣满足"之外的来源中体验快乐。

美丽的或具有审美滋养作用的物能够以一种近乎精神性的方式包容、"充实"我们,或者至少,这一方式既不是严格的身体性的,也不完全是自返性的。与物质享受或彰显身份、地位的产品相比,审美滋养以截然不同的方式满足我们。它既在精神上充实我们,也在感官上滋养我们。

在第六章《可持续美学的价值》中,我将继续讨论审美滋养。

除了论述审美滋养的概念外,普鲁斯特的文字还提及了对那些"乐意"告诉我们一些事情或承载着一些故事(例如,关于过去)的事物的喜悦和热爱,这种喜悦与讨论存有时间的定义具有高度的相关性。除了"简单地"达到其直接目的，如，一个坐器、一个让寒冷远离身体的机器或将食物倒入碗中的机器——这与包豪斯派建筑师布鲁尔将椅子称为坐器的做法如出一辙——物品也可以发挥其他的作用。正如第一章《优美》一节所述，除严格的实用性外，物品的功能也可以是为个体提供审美体验，而这在与存有时间相关的问题上很重要。

奥尔斯科夫对存有时间的定义是："存有时间指的是物体自诞生以来所历经的时间，也就是它的年龄，这可以通过印刻在它上面的'时间标记'来感知；物品不断老化、褪色、破碎、被消耗"。（奥尔斯科夫，1999:85）

存有时间一定与磨损的迹象有关，这些迹象表明，物品已经存有一段时间（可能是十年）且经常被使用。频繁使用的东西都带有这类痕迹，并且，它们通常都是曾经或当前深受喜爱的物品。因此，磨损和崩解的迹象证明了物与所有者之间的爱的纽带；这一纽带象征着一种特殊而持久的美。

在设计物中注入存有时间，以增加其审美价值，或

提升在物与使用者之间建立联结的可能性,可以通过以下方式中的一种或几种实现:

1.努力创造出以优雅的方式老化或以审美化的方式衰败的物品,比如,确保所使用的材料"保留"磨损痕迹的同时不会遗失趣味,变得难看;事实上,磨损留下的痕迹甚至能够提升物品的审美价值。这是一种"赋予物品以自由",或使物品敞开的方式,让物品拥有自己的生命。并且,这一生命成为物品自身表现形式的一部分。另一可能性是,物品的形式随着时间的推移而变化,即它以某种方式扩大或缩小,以适应不同的需要。使物品具有使用和变化痕迹的另一种方式是,赋予物品以变形的潜能,从而将存有时间融入其中。也就是说,使物品清晰地展现出自身的痕迹,而使用者也能够理解这些痕迹。

2.在物品中加入"人为"的磨损痕迹,或对材料进行处理,使它看起来"破旧",或至少看起来不是全新的,以模仿正常使用和老化所造成的磨损,这是为物品注入存有时间的另一种方式。创造出衰败的假象时,设计师也为主客体之间基于历史和使用（的幻象）所形成的纽带奠定了基础。

3.将回收利用的物品或材料的一部分整合进来，实现新旧元素的糅合，有助于创造出有趣的表现形式。正如奥尔斯科夫所言，这一表现形式由许多不同的时间序列组成，其中包括存有时间。如，设计师可以将回收的皮革、旧的纽扣、补丁或木头整合到新的设计物中，一方面是为了重新利用废弃物品上的时间痕迹，另一方面也为新故事的形成奠定了基础。

4.通过升级再造产品或物品，也就是更新那些因款式老旧、图案过时或褪色而不再与时代相称的物品，给它们加上新的"外框"或"包装"，以凸显物品原有的美感。升级改造并没有抹去物品先前经历的痕迹，而是试图恢复它的美。

5.创造符合侘寂美学[4]的物品——它们看起来不太"完美"，但可以适应磨损，因为它们一开始就不是崭新、"灿亮"的——是在物品中引入存有时间的另一种方式，它能够在物品中注入过去的故事与情绪（即使这只是一种幻觉）。

因此，创造存有时间的关键在于，注重不完美、未经修饰的美，也即变化之美；事实上，没有什么是静态的，一切都处在不断的变化和发展中；表现形式可变的设计中有一种动态的特性；时间的破坏可以为物品增加深度和个性，而非剥夺它原有的品质和特征。

存有时间，正如生成时间，可以提升物品的持久性，并因此能够在主客体之间建立持久的联系。

我想以普鲁斯特的《追忆似水年华》中的另一有力的引段作为本节的结束语，这段话揭示出，功能并不仅仅意味着实用性；事物因其审美滋养和衰败美学特性而值得保存，因而变得持久、可持续：

"我的姨祖母倘若存心跟外祖母作对，开一份清单，一一列举她送了多少把交椅给新婚夫妻或老夫老妻，那些椅子的最初收礼者是想日常使用的，可是椅子经不起坐者的体重，立刻散架垮掉，那么这笔账无人能算得清。然而我的外祖母认为太在乎家具结实的程度未免鼠目寸光，木器上明明还留有昔日的一点风采，一丝笑容,一种美的想象,怎能视而不见?"

(普鲁斯特,2004:92)

存在时间

奥尔斯科夫用现象学的方式与世界相遇,这表明他将探索、理解周身物品的行为视为一个过程,在这个过程中,主体体验物品并与它们互动——触摸它们以感知它们的体积和变化,观察它们以理解其存在。他这样描述这一过程:"体验(探索)物品意味着在时间的轴线上与物同步。"(奥尔斯科夫,1999:85)

在奥尔斯科夫的时间概念中,存在时间在许多方面都是最为有趣的一个,但也是最抽象的,它是指为探索物体而与物体同在的时间。存在时间可长可短;受物品的复杂程度影响,探索过程会发生一些"曲折"。但就存在时间而言,它与主客体的共在关系有关,因此,这一范畴并不像生成时间和存有时间那样完全依赖于物本身。存在时间更多地与探索物品过程中主客体之间的互动相关,它关注的是审美体验本身。

如果设计师想突出审美体验本身,那么他可以尽量延长存在时间,使受众在审美体验中停留一段时间,康德将这个过程称作"混乱阶段"。[5]在意识到正在发生的事情之前一直都处于混乱状态,其中的快感类似于陌生之物的愉悦感。或者,设计师可以选择在受众身上触发一种存在时间持续较短的审美体验,这意味着,受众或多或少都能探索她所面对的物品(或概念)。这种审美体验将给人以熟悉之物的愉悦感。

延长了的存在时间可以在主客体之间建立起相当持久的联系,这是因为,暂时处于混乱状态的体验,以及克服这种状态,从而理解、接纳物品的体验具有深刻的变革意义。

延长存在时间的方式有:

复杂的构造、不对称的组件等。

背离关于色彩和谐的普遍性审美准则,例如,挑战伊顿的色彩面积对比或其他原则(伊顿,1997)。[6]

材料的非常规组合或选取。

多功能性和灵活性。

为物品注入生成时间，或展现它的生成过程，以间接或直接的方式呈现出它背后的"手"的痕迹（参见前面关于"物体生成时间"的部分）。

为物品注入存有时间，或为物品以后出现的磨损、衰败的痕迹"预留空间"，或模仿这一磨损痕迹（参见前面关于"存有时间"的部分）。

因此，使用复杂、非常规的组合，为物品注入时间，或通过上述其他方式，都有可能"迫使"设计物的受众在他所面临的事物前驻足思考；如此一来，探索物品所需要的时间——也就是存在时间——被延长了。延长存在时间表露出了在主客体间建立持久或可持续的联系的可能性，因为这一时间的延长以及它带来的间歇"迫使"主体体验存在的感觉。延长的存在时间带来的强烈体验往往挥之不去。

奥尔斯科夫是一位现象学家，因此，他的时间概念关涉身体及感官与周身物品的互动，而非物的感知价值与象征意义。这意味着延长存在时间需要复杂的表现形式，也就是复杂的材料、形式、颜色（见上述要点），而不是复杂的价值和模糊的符号。

然而,在不显著"扭曲"概念的情况下,设计师同样可以尝试通过开发一些不触发感官体验的非物质的概念或产品,以延长存在时间。

审美体验的特点是存在时间得以延长,因此,这种体验有些复杂,并"迫使"受众暂时脱离日常生活,这意味着一种自我体验。在面对打破常规、背离了通常样子的物品时,个体对物品的期待,以及更为广泛地,他对世界的期待,开始变得清晰。因此,物品就像一面镜子,它似乎在对主体说:"你很难了解我的组合方式、我的材料或我的元素构成的原因是,我正在挑战你对世界和事物的期待。"

因此,在探索物品所花费的时间段内,也即在存在时间中,个体逐渐洞察自身的种种基本定见。与此同时,延长存在时间能够使个体带着新的经验继续进入世界之中,这将影响他未来对物品的探索。

法国现象学家莫里斯·梅洛-庞蒂将存在时间(虽然他没有使用这一术语),或探索物品所花费的时间,描述为审美主体和客体之间的对话。他认为,主体在探索物品或参与主-客体对话时会被卷入到某种情绪中，而这一情绪影响了他的喜好和品位：

> 世界中的物不仅仅是中性的、站在我们面前供我们沉思的物。它们中的每一个都象征或唤醒某种特定的行为方式，在我们身上激起某种反应，无论这一反应有利与否。这就是为什么人们的品位、性格以及他们对世界和对某些事物所采取的态度能够体现在他们选择的放在身边的物品中，以及他们对某些颜色、某些散步去处的偏好中。
>
> （梅洛-庞蒂，2002:48）

在存在时间中，也就是在我们与周身事物共处的时间中，我们理解了这个世界。此时所发生的审美体验影响了我们的喜好，或"告诉"我们哪些是我们最欣赏的，也最与我们契合的东西。

我很赞赏引文中的这一观点：我们选择放在身边的物品、喜欢的颜色和散步去处都是由存在时间中所发生的事情决定的，也就是说，在主客体的对话过程中，一种依恋占据了主导地位,这为偏好和品位奠定了基础。这种依恋和偏好可以在审美主体与物或地方之间建立起一种基于美学的持久的、可持续的联系。因此,就像特意延长受众探索、理解某一产品所必须花费的时间时所发生的那样,我们可以认为,延长存在时间中会产生一种吸引力,它吸引人们沉浸在对周身世界及物品的理解中。如此一来,人们投入了更多的时间,因此也能更好地与他认为有价值的、美的事物互动并对事物产生依恋。

对世界保持敏感,感知周身的事物,与其互动,关注它们,理解它们,为它们投入时间、与之共度时光,并享受它们。可以说,我们为身体重新注入了现象学的智慧。我们越是感性地在场,我们在感官上和审美上也就越有领悟力。以此为出发点,我们可以通过将自己"暴露"在一系列能够使人们对外在事物的表面有感性的认知的触觉体验中,培养自身的感官和审美领悟力。或者,人们也可以通过陌生文化中的色彩组合来刺激自己的感官。对于设计师而言,他们可以通过使用多样的纹理,或"视觉触觉",或二维介质中的物质幻觉等方式为受众制造感官刺激,从而为物与其受众形成联结打下基础。延长存在时间的审美体验以及主客体间的深入对话是这一联结得以建立的基本前提。

注释

1 见第三章《衰败美学,慢美学》和《可持续的物性》两小节中关于衰败和磨损为物体或产品增加价值的讨论。
2 见第三章《衰败美学,慢美学》一节。
3 见第三章中的《转瞬即逝的美》。
4 见第三章《侘寂美学》。
5 请参阅我在第二章《崇高的各个阶段》一节中对康德式崇高审美体验的三个阶段的描述。
6 另见第一章"遵循普遍性审美准则"。

第五章 神奇之物

有些物品的周围氤氲着灵韵；它们吸引了人们的注意，引发了他们的兴趣，并当即与观者建立了直观的联系。这或许是因为这些物使人想起某物或某人，或某一个特定的地方；又或许它们让人想到了曾经的自己，或期待中的那个自己，或人们最为看重的那一重身份。

这样的物是神奇的。它们的外观不一定好看，但可以触发感受与情绪，刺激感官印象，滋养审美体验。此外，它们有种独特的性质，吸引人们与之共度时光，把它们穿戴在身上或放置在身旁。

神奇的物这一概念非常有趣。它表明，物之中可以有某种吸引人的、精神性的灵韵之力，物品中充溢着建构、支撑身份的元素，它告诉人们他们是谁，或使他们回想起自己想要成为什么样的人。这一概念与泛灵论存在关联："泛灵论体现在如下观念中：人的精神可以寄寓在物品中，或者说物品本身也能够拥有灵魂或人性元素"（比勒与弗洛尔·索伦森，2012:23）。它假定精神世界与物理世界间不存在真正的分离，物本身就具有某种生命。

对神奇的物的关注将审美体验的焦点从体验主体转移到了被体验的物身上，这意味着，正是物品引发了审美体验。此处所谈论的是具备审美价值的"物自体（thing-in-itself）"，从本体论的角度来看，审美价值不只取决于主客体之间的互动，也不能仅仅局限于主体的意识。聚焦神奇的物的时候，设计师需要做到这一点：赋予物以激发审美、灵韵体验的能力。

完全忽视受众的（感官）互动，文化和社会信仰或个人的体验范围的重要性是不可能的，因为没有体验主体的存在，当然就没有审美体验！然而，我发现物-神或神奇之物的概念可以为可持续性美学的概念提供许多有趣的视角。

  我八岁大的儿子拥有许多神奇的物品，他将这些宝藏存放在大大小小的装饰盒和箱子里，小心翼翼地呵护着它们，且常常拿出来看一看，摸一摸。有人可能会想，这些宝藏是一些闪闪发亮、五颜六色的小玩具或是他的新玩具，这只道出了部分事实。他最珍视的藏品其实是一些奇奇怪怪的东西：一个失去双腿的乐高骷髅小人；一个害羞的鹅卵石；几个相当"常见"、难以形容的乐高积木；一枚有粗硬倒刺的脏羽毛；装饰有脱落花瓣的发夹，我想他是在大街上发现这个发夹的；来自巴厘岛海滩的珊瑚屑；以及我从马拉喀什①（Marrakech）街头小贩那里给他买的塑料手表。他为什么把这些东西视为珍宝？这样想来，这一系列奇奇怪怪的东西就变得有趣了。每次我问他的时候，他都难以说出这些物品的重要性，但他不停地告诉我，他的乐高骷髅小人、羽毛、石头和手表之所以重要，是因为"它们很稀有"。对他来说，正因为它们"稀有"，所以它们很有价值。

---

  ① 摩洛哥历史古城，位于该国西南部，有"南方珍珠"之称。

它们珍贵的部分原因在于，每种东西他都只有一个，并且他没有看到其他小孩拥有它们之中的任何一种（例如，断腿的乐高骷髅小人），但另一部分原因在于，它们之中蕴含着情感和美学的元素，共同叙说着他是如何得到这些东西的——他是在哪里发现它们的，什么时候发现他们的，它们是怎么变成了他的东西，或者是谁给了他这些东西。

对我儿子来说，物品的美学、感性价值源自抚摸它们时的触觉快感，这些物品有某种特殊的、罕见的美。他很喜欢用手轻轻滑过羽毛上的倒刺，即便每触摸一次，它们就散架得更多一点；他乐此不疲地玩着鹅卵石，或抚摸色彩鲜艳的乐高钻石，这是他的宝藏的重要组成部分。宝藏的价值在于它的感性特征，这包含了高度的触觉性，它使我儿子和物之间形成了亲密的联系。每隔一会儿，他都会把这些东西放到嘴边以更好地感知他们的表面。这也许是因为嘴唇上有许多神经末梢，把物品送到嘴边时，他可以更好地体验它们的轮廓。但是，在某种程度上用嘴探索物品是婴幼儿的行为。我一岁的小儿子会把所有东西都往嘴里放，对于那个年龄段的孩子来说,这一做法很普遍。我感觉到,当我八岁的大儿子用嘴感受他喜爱的物品的轮廓与表面时,这一行为让他回想起了自己还是蹒跚学步的婴幼儿时的安全感、感性以及探索精神!

我儿子心爱之物的美,是由使用痕迹和瑕疵所造成的弯曲、质朴和不规则的美。比如,有一天早上,他发现了一双乐高腿,严格来说,这双腿可能与之前提到过的那个乐高骷髅小人很匹配,但在和我争论以后,他深恐这个可怜的骷髅人将不再保持断腿的样子,因此,便得出这一结论:装上这双新发现的腿后,他心爱的小人看起来样子怪怪的。这双腿让它看起来不对劲,让它不再那么稀有,变得很普通,和他拥有的其他乐高小人太相似了。

当然,他宝库里的有些东西相当普通——比如,一些乐高积木看起来和他房间装满篮子的、堆积如山的积木没什么两样。但是,很显然,某些东西使它们变得与众不同。经过仔细的观察,我想我发现了其中的奥秘:从好几篮子"普通"积木中挑选出来的、升级为宝藏的乐高积木,与剩下的积木相比,都有细微的差别(实际上，这种差异可能是由出厂错误造成的）：有些是透明的（这似乎不是乐高积木的常见特征）；其他的则在他曾经搭建过的交通工具或房子中发挥过特殊的作用。

我儿子和他的宝物——他的神奇的物——之间的情感纽带很牢固。每件物品都有重要的意义，他通过这些物品来理解他这八年的生命历程。这些东西可能代表着他爱的人或他去过的地方，但更多地代表着他自己：他内心的幻想世界，他的思维方式，他玩的游戏。也就是说，这些物品的本质在于，当他与之游戏的时候，他进入心流状态，忘我地沉浸在游戏之中，只存在于此时此地，与周围环境和睦相处。

所有这些存放在我儿子箱子和盒子里的东西——即便是那些他刚刚获得的、闪闪发光、五颜六色的东西——的共同特点是，它们没有经济价值：它们要么不用花钱，要么很便宜，并且，它们也不一定是由可持续材料制成的。其中的一些，比如，那枚羽毛，甚至快要散架了。它们的价值不能用美元和美分衡量，也不在于材料上的耐久性，而是更多地隶属于情感和审美的范畴。

这感觉就像是，我置身于一个到处都是等待被发现的宝藏的跳蚤市场，或者一个挂满精美服装和配饰的古着（二手衣服、旧衣服）店。最稀有或最独特的东西感觉就好像是最好的发现！

从上述我儿子的藏宝趣事来理解神奇的物这一概念，这似乎是一种个人的且相当主观的方法。虽然这一趣事带有私人化色彩，但是通过分析我能够得出一些普遍适用的结论，用以探明将神奇的事物与普通的或微不足道的事物区分开来的具体因素是什么。在审美价值方面，我们可以确定的是，神奇的物具有如下特点：

"稀有"，拥有一种独特的美，且往往是质朴、不规则的美；

承载着故事和联系；

触感好，或具有感官刺激性（它们吸引着人们一次次地回到物品身边）；

代表着物主的（在上述例子中是我儿子的）身份、内心世界或秘密领地。

我觉得特别有趣的是：这些东西对我来说似乎很普通，我儿子却格外珍惜，这些物品记录了他的心流状态，也即那些他沉浸在某些活动中所体会到的强烈在场感的瞬间。

为满足功能、社会（或地位）等需求而设计的物品通常不可持续，它们很快就会过时。然而，除了这些"中等层次"的需求之外，还有更高的需求，如审美和精神需求。依据这些需求而设计的产品可以唤醒我们的最大潜能，此外，在这一过程中，致使物品不可持续的因素被克服了。以念珠为例，我们至少可以说，存在这样一种本质上可持续的产品，它不仅仅是功能性的、普遍适用的。这个例子表明，这种组合至少是可以实现的。困难的地方在于把它应用到更为常见、日常的产品中。

（沃克，2007:50）

神奇的物与精神性和仪式性的行为存在关联，例如，我儿子会反复用嘴唇触碰他的宝物，用手指抚摸参差不齐的羽毛倒刺。人们倾向于以非常特殊的方式对待神奇的物,其中带有某种敬畏或尊重。神奇的物可以在审美上安慰和满足我们;它也可以在精神层面上为我们的心灵提供审美滋养[1]。然而,正如沃克在上面的引文中指出的那样,赋予日常生活用品以"唤醒我们的最大潜能"的潜力是很困难的。

然而,有挑战性并不意味着不可实现。事实上,赋予一个物品(无论是否日常)审美价值,也就是说,使之迎合人类基本需求和审美需求,赋予它以"唤醒我们的最大潜能"的潜力,是创造美学上可持续的物品的有趣方式之一。

接下来的部分与神奇的物及其特性要点有关,这是从我儿子的藏宝趣事中总结出来的。我将讨论神奇的物的如下特性:主客体间的情感纽带;记忆与情感价值;触觉刺激;从至亲至爱之人那里接受或继承的物品的审美价值,以及人们寄托在所有物中的感情。

另外,我将简要介绍一下灵韵的概念,为本书余下的部分奠定基础,同时,再一次回到本书的基本问题上来:如何才能在一段较长的时间内被熟悉的物品所吸引,再一次坠入爱河,为之着迷?又或者,熟悉的物品怎样才能重新拥有魅力?

灵　韵

德国哲学家和诗人沃尔特·本雅明(Walter Benjamin,1892—1940)在其1936年的开创性文章《机械复制时代的艺术作品》(*The Work of Art in the Age of Mechanical Reproduction*)中谈到了艺术作品灵韵的衰退,并将其与用复制手段使艺术作品增值联系起来(本雅明,2007:223-224)。灵韵的衰退是所谓的"崇拜价值"(同上,224)的衰退,"崇拜价值"是经典艺术作品的典型特征,它取决于作品独一无二、不可复制的特性。不过,灵韵的衰退仅仅与崇拜价值的衰退有关。此外,本雅明关于另一种他称之为"世俗性的"灵韵的论述也很出名,这种灵韵关系到"对美的世俗崇拜"(同上,224)。可以说,世俗灵韵之体验是对物质世界的一种更深刻的体验,或者可以说是一种神圣的体验,但不同于宗教体验,因为它并不意味着"看见"上帝。这一神圣的、但同时也是世俗的体验中有一种物的维度,因此与日常领域存在关联(乔根森,1990:41)。这正好对应了前一章中对神奇的物的描述和分析,也与沃克关于人类的"审美和精神等更高层次需求"的理论密切相关。设计师如果能够满足这些审美和精神需求,便可以生产出美学上可持续的产品。

世俗灵韵的体验是现代人类对日常生活的周围环境中的超越性或灵性体验。它是对周围环境中某种遥远的或"神圣"的事物的体验。世俗灵韵出现在当下的超验时刻。(乔根森,1990:41)

本雅明赞美世俗灵韵,他并不认为崇拜价值的丧失是负面的变化。本雅明说,世俗灵韵的体验可以在波德莱尔的诗歌中找到,它以寓言化的方式表现现代都市经验(波德莱尔,1998:167-211)。从波德莱尔的观点来看,现代寓言诗的特点即是永恒与相对的共存或融合,这一特征同样可以用来描述本雅明眼中的灵韵。

此外,世俗灵韵的体验与崇高体验存在关联,二者都以对极度伟大或遥远的事物的顿悟为标志,这一领悟,可以说是整个过程的高潮时刻,也是康德划分的崇高的三个阶段中的高潮阶段。这三个阶段是：①与触发性现象相遇；②间歇性的麻痹；③体验之高潮，当中涉及了升华的宁静状态。[2]在我看来，崇高体验可以由感官现象或（神奇的）事物触发。崇高体验和世俗灵韵之体验都是以有限和无限之间的辩证运动或对话形式为特征；在体验之中，个体既完全在场，同时也超越时空。从这个意义上来看，世俗灵韵之体验类似于处于心流状态的那种特殊的存在感，我在以儿子的藏宝趣事为例讨论价值创造之关键因素时谈到了这一心流状态。

体验神奇的物的灵韵时，人们被带入"时间旅行"中，过去与现在、近与远在一瞬间融合。在这一刻，"曾经"与"此时此地"融为一体，一段连接在过去与现在间的通道铺展开来。这一体验更新了个体对过去的经历和感受的认知，从而也有助于个体正确理解当下生活。世俗灵韵之体验是确定、启示性的，有助于个体的生活更具条理性。

熟悉之物的魅力复活

上一次有这种体验还是几个月前在往返于斯德哥尔摩和格内斯塔之间的列车上。窗外一片白茫茫，天空昏暗而阴沉，当时我们正穿过一片工业区，空荡荡的火车车厢，油箱，工厂，一切都是白色和灰色的，夕阳西下，红色的光芒消失在薄雾中。我乘坐的火车不是通常运行在这条路线上的那种快要散架的破旧列车，而是崭新的，擦得锃亮，座椅是新的，闻着就很新，面前的门开合都很顺畅。我也没有在想什么特别的，只是盯着天空中燃烧的火球，弥漫在身上的快感是那样尖锐、强烈，以至于一时之间无法将其与痛苦区分开。这一体验对我来说意义重大。意义重大！这一刻过去后，意义感并没有消退，但突然之间变得难以捉摸：有重要意义的究竟是什么？为什么重要？是火车，工业区，太阳，还是薄雾？

（克瑙斯高，2012:306-307）

克瑙斯高的小说《我的奋斗》的第一卷中的这段

话（同其余五卷，尤其是第六卷一样，书中有大量的对审美体验的细致描述）可以说生动表现了世俗灵韵的体验。大多数人都有过这种感觉，自己突然以一种全新的眼光来看待熟悉的物品或周围的环境，突然为日常生活中的环境与物品的美所震慑，虽然在其他情况下它们并无特别之处，也丝毫不壮观。如此这般突然为美所冲击时，产生的感觉如此美妙，几乎让人感到痛苦；与此同时，这一感觉有极其重要的意义，虽然重要的原因难以解释清楚。事件发生后的很长一段时间内，体验或目睹特别的事物的感觉往往都会伴随着人们。可以说，事件影响深远。

善于发现美，并能从周围环境及其物品中获取审美滋养，无论它们看起来多么微不足道，这在许多方面都对应着乔纳森·查普曼所说的"常态"[3]（查普曼，2011:63）。这个概念让我想起了我儿子所珍视的那些小玩意儿，总的来说，我觉得它们微不足道且很平常，因为它们似乎与他拥有的许多其他零碎物品别无二致。就像上文所说的，我儿子赋予了这些原本普通的日常物品一种神奇的特性：在感官和情感层面上，它们令他回想起那些完全"迷失"在游戏中,从而体验到一种既完全处在当下也超越时空的魅力的时刻。当手指抚触过看似普通、微不足道的物体表面时,魅力感在他心中暂时被重新激活了。这些本不起眼的小玩意儿在某种程度上为他开启了一扇通往愉悦人心的感性状态的门,在这种状态中,环境和主体(在这个例子中也即我的儿子)融合为一体。常态是一个正向概念,因为准确来说,正是在熟悉、重复、常规中,或者说在复魅中,在吸引力再次出现的时刻,存在着一种相当特别的被延展了的(或者说缓慢的)美学快感,这是一种持久的、因此也是可持续的快感。

然而,熟悉环境中吸引力的反复出现、物的复魅以及审美体验的发生需要一种特定的心态。当,且仅当人们变得相当感性,并且在场,保持开放的心态时,才有可能体验到美妙的、几乎让人痛苦的美,并从中汲取审美滋养。或许正是怀有这样的想法,席勒认为乐于接受优美、崇高之体验是人类固有的天性,但他也意识到,只有在接受了解放思想的艺术或审美教育[4]后人们才能获得这一潜能。对情感性的审美体验保持开放的态度、并乐于接受它的潜能是每个人所固有的，但并不是所有人都能成功解放并获得这一潜能。对于席勒而言，这种潜力等同于一种崇高的体验：沉睡阻碍了审美、解放、启示的发生，而震撼心灵的审美体验将人类从沉睡中唤醒。这是为什么呢？因为现象或物品具有触发崇高体验的潜力，它以如此之大的程度干扰着主体的注意力，以至于主体无法忽视它的存在；从某种意义上说，它"强迫"主体去注视它的存在。

需要特别注意的是，只有脱离琐屑之物的束缚，人们才有可能获得审美的，或者令人痛苦的感动和优美的体验。琐碎、无意识的重复是催眠性的，与上述的正向常态概念无关。琐碎与克瑙斯高在《我的奋斗》中所描述的日常魔力也不相关，小说中有大量对琐事的描写。建立在时间的延展与重复的力量（常态）基础上的复魅与再次迷恋，其前提是某种程度的在场与临近。重复尤其能给人以强烈的快感，这在熟悉之物的愉悦和陌生之物的愉悦中都是如此。重复是持久性的基础。相反，琐碎和令人昏昏欲睡的平凡，是任何形式的美好体验的对立面。在平凡的物品和活动中体验美的前提是敞开、在场以及未经过滤、先于理性的认识，它突破了纯粹的琐屑的束缚。

在《探索物品》一书中，奥尔斯科夫写道，我们与大多数日常物品既有功利主义式的关系，也有概念上的关系。然而，从周围环境中的日常物品自身的角度来看待它们时，这些物品在物理空间中与我们并存，它们不只是供人使用的东西，物品自身也显示出"独立的存在"（奥尔斯科夫，1999:76）。奥尔斯科夫将这一方法称之为在感官和情感层面上对物进行探索。这种形式的探索或领悟能够让我们重新认识、理解周身环境和所遇到的物品，它们超越了，或者至少说，体现了一种看待世界的另类方式，这是理性的或基于思想的方法所无法提供的。

因此，这一理解世界的（感官的、情感的）另类方式可以揭露认知解读以外的东西；从这一点来看，它类似于我前文所说的前理性体验。它不只是反理性或非理性的；在许多方面，我们可以将它看作先于理性的东西，它是人类理解世界并据此行事的根本途径。因此，如果想要理解奥尔斯科夫认识世界的方式，那么富有成效的方法即是，观察儿童以及他们与物品和空间交往的方式（参见我儿子的宝物或神奇之物的趣事）。在孩子对世界进行的感官和情感上的探索中，有一种对世界的天真的或直接的态度，这决定了他们体验世界的方式。

然而，这一对世界的感官的、情感的探索，在人们习惯了主要运用理性、分析（批判）思维应对外部世界后，便很难坚持下去或全身心投入了。从某种意义上说，在摒除了将周围环境系统化和概念化的冲动之后，使人们能够通过感官、情感、前理智探索世界的心境才会出现。不过，正是这一看待世界和物品的另类方式构成了强烈的美的体验与熟悉之物的复魅的基础。此外，这种方式还有消除琐碎事物的潜力，这一消除，即使不能一劳永逸，至少也能持续片刻（这是美到令人心痛的一刻）。

在这方面，特别有趣的一点是，设计师是否能够通过在物品或产品中注入审美价值，将受众从琐屑的催眠状态中"唤醒"，或者，设计物能否将受众拉入某种心绪状态中，在此基础上引导人们在前理性、情感、感官层面上探索世界。

如前所述,在席勒看来,崇高的审美体验能够"唤醒"主体,瞬间让主体接受强烈的美的体验。同样地,在他的美学哲学文章"崇高与先锋艺术"中,利奥塔将崇高的审美体验视为在场状态的发生"空间"。此外,他还指引艺术工作者们努力为受众制造崇高体验,也就是说,战略性地筹划审美体验。因此,在讨论审美可持续性相关的内容时,利奥塔在这个主题上所做的思考非常有意义(利奥塔,1991:89-107, 135-143)。在他看来,令人惊奇的、震惊的(形式、材料、颜色或符号、象征)组合是使受众"惊醒"、背离"催眠性的"日常事物的有效方式。

我将在第七章《美学策略》中再次讨论审美体验的筹划,届时我将更加详细地讨论利奥塔的文章。不过,在现阶段,一个值得注意的点是,席勒、奥尔斯科夫和利奥塔都强调培养感性、情感的体验方式的重要性,它迫使主体出现在邻近的、熟悉的、惯常的事物的美学体验中。此外,在利奥塔看来,至关重要的一点是,艺术家需要把尝试以全新的、令人震惊的方式组合元素当作自己的主要任务,在这一过程中所产生的作品尤其能够将受众从琐碎之物造成的沉睡状态中唤醒。生成时间在此处发挥了重要的作用,它决定了作品或物品是否能够"打动"受众,暂时地摆脱所有过滤机制,使受众向世界的美敞开心扉。

倒置事物

在20世纪初,现成品艺术家马塞尔·杜尚试图通过直接倒置事物,把它们从原有的环境中剥离出来,以将现代人从琐屑生活的束缚中唤醒。在现成作品的创作中,为了使观者在全新的组合中重新思考熟悉之物,杜尚将最为琐屑、最不雅观的物品(例如,小便池或自行车车轮)从日常环境中剥离出来,重新塑造成艺术品;当物品脱离了通常的环境时,它们突然之间变了样子,完全丧失了功能。用途和功能不再重要,物品仅仅是空间中的形式和材料,体验主体必须通过一种被净化了的心境,或者说以初学者的心态,重新思考看起来熟稔的事物。如此一来,存在时间——也就是观察者探索、接受物品所花费的时间[5]——被延长了。除却脱离原有的环境以外，杜尚的物品也常常被直接倒置，观者因此不得不以新的眼光重新看待这些日常用品：它们的形式、颜色和材料组合变得醒目，物品因而突然具有了审美价值。这或许是因为物品的形式表现出了可变性和可塑性，或许是因为材料组合比人们最初设想的要更加有趣。可以说，在日常用品的展示中，日常的、已经失去魅力的东西复魅了（乔根森，2001:343），这体现了一种世俗灵韵的体验，也就是对日常生活中的神奇事物的体验。

同样地，与利奥塔关于艺术家应该如何"唤醒"受众的指导方针类似，超现实主义艺术家梅雷特·奥本海姆（Meret Oppenheim，1913—1985）在她1936年的作品《物体》（*Object*）中使用了令人惊讶、陌生且震撼的组合方式。作品《物体》由毛皮包裹的杯子、碟子和勺子构成。该作品沟通了触觉，因为只需简单看上一眼，人们似乎就能知道将包裹着毛皮的杯子放在嘴唇上的感觉：怪异、令人憎恶，但同时又让人着迷。杯子和毛皮的组合闻所未闻；杯子应该是干净、光滑、凉爽的（除非它盛有热的液体），但毛皮的加入使它变得不一样。尽管如此，通过强迫受众重新思考她自己的文化框架——她的期望、联想和习惯——她因而能够短暂地从与日常物品惯常、琐屑的接触中解脱出来,在由此引入的间歇,她感性地在场,向美的体验敞开心扉。

然而,设计师是否也能像这样帮助受众重新认识熟悉的物品,或重新发现熟悉物品或环境的"稀有"、独特之处?设计,顾名思义,应当具备某种功能,设计师不能像杜尚和奥本海姆一样,赋予他们的作品以反功能性;然而,他们仍然可以"借鉴"现成品艺术家和超现实主义者的思路,迫使受众以新的眼光看待熟悉的事物,从而实现一种开放的态度,在被我们认为理所当然、漫不经心地对待的物品中重新发现美。

触觉的灵性

康定斯基的著作和作品包含了一种对世界的神奇体验。在他的艺术和哲学作品中,康定斯基坚持认为,在直接感知的现象世界以及日常环境中存在着灵性的痕迹。他的艺术的目的即是表现生活、世界及其中的物品给予他的近乎宗教般的感受(朗,1980:47)。因此,康定斯基认为，视觉艺术应当表现美的体验以及熟悉事物的灵性。康定斯基所青睐的正是日常灵性的体验，这一点在上述的引自克瑙斯高作品的那段话中也有所体现。

在康定斯基的美学哲学著作《论艺术中的灵性》（Concerning the Spiritual in Art）中，他引入了一个有趣的概念，他称之为"内在需要指导原则"（康定斯基，2008:62）。这一原则取决于三个要素：个人要素，即艺术家表达自身个性特征的能力；时间因素，也就是艺术作品捕捉其时代本质的能力；以及精神因素，这关乎的是艺术家表达艺术特性的能力，这一艺术特性是纯粹而永恒的，超越了时间与空间的限制（康定斯基，2008:74-75）。所有三个元素都必不可少，但是，第三个元素比其他两个元素更重要，康定斯基认为它是艺术作品和艺术家伟大的标志："这是纯艺术的元素，在所有时代和民族中都能保持恒定不变。……只有第三个元素——纯艺术元素——能永远留存下去。"（康定斯基，2008:75）

康定斯基坚持认为，我们熟悉的日常环境中蕴含着灵性的痕迹，这一观点很有趣，值得进一步思考。感官灵性这一概念类似于世俗灵韵，进而又与物品的审美可持续性有关。

然而，是否有可能将康定斯基提出的内在需求三原则转化为一套适用于审美可持续性设计的指导方针？

第一和第二个元素——个人元素和时间元素——可以轻易地、恰当地分别"转译"为恒久性和变化性，或重复与更新，在第三章《衰败美学，慢美学》一节中，我将这些元素视作持久、可持续的美学表达形式的特性。我的意思是，持久的物体具有一种以可识别性为标志的恒久性：物品背后的设计师（或者说设计师的签名）是可识别的，或者是物品激起了熟悉之物的愉悦感，能够帮助受众快速探索或解读和使用该物品。此外，这也意味着，显得既有趣又很吸引人的物品中显露着一定程度的变化性或更新性，这是当代性的元素。这并不是说物品的表现形式依循普遍风格，而是表明它与支配性的先入之见、神话（如慢潮流）等相契合。

第三个元素是内在需要原则的重要组成部分，然而，它却有些"不合乎规矩"。康定斯基写道，艺术家必须表现出超出空间和时间之外的东西。但这具体指的是什么？这一原则可以应用于设计物的创造吗？

康定斯基接着写道，内在需要原则中蕴含着某种启示："永恒、客观之物在周期性和主观性层面日新月异的表达。"（康定斯基，2008:77）这听起来可能相当抽象，但它与克璐斯高在非常平凡的一天乘火车穿越非常平凡的工业区的经历完全相似：他体会到一种压倒性的美，让他短暂地游弋在周期性与空间性之外。此外，康定斯基所描述的美之启示也与我儿子拥有的那些普通、不显眼、熟悉的物品的魅力类似，当他拾起这些物品时，便全身心地、忘我地沉浸在游戏的魔力中，在这一刻，远近合二为一。换句话说，当我儿子沉浸在游戏中的时候，或（一次又一次地）沉迷在他的宝藏中的时候，他体验到了"永恒、客观之物的表达"，虽然他的宝藏都是一些不起眼的小东西，但它们大部分都很稀有、独特，具有某种"古怪性"，这使它们显得与众不同，或者能够以某种方式成功引起我儿子的兴趣，并使他长时间地保有这一兴趣。

准确地说，这一点——也就是理解到这几个元素如何能够在某种程度上使看似寻常的物品或环境变得特别，或使物的所有者对物品产生情感依恋——是将类似的元素融入新产品或物品的战略性筹划的关键之处。这同样也是创造审美上可持续的物品以及在人与物之间建立起持续、长久的联系的关键所在。

意中人的物

能够与消费者维系长久联系的物品很少见。一旦蜜月期接近尾声，大多数情感依恋就会消失。

（查普曼，2011:66）

我之前提到并借鉴了乔纳森·查普曼在他的《情感永续设计》（*Emotionally Durable Objects*）一书中所使用的蜜月比喻，用以形容人们对新的（光亮的、诱人的）事物的一见倾心，然而，这些物品终究有一天会失去吸引力，变得过时。在本节中，我将讨论蜜月期是否可以发展成可持续、充满爱意的关系，以及这一演变需要具备哪些条件。此外，我还将讨论环绕在人们所拥有、钟爱、珍惜的物品周围的灵韵或光芒。

有几位作家已经书写、吟咏过神奇的物以及属于挚爱之人或在心爱之人面前穿过的服装。在歌德写于1774年的《少年维特的烦恼》中——这是一部描述一段用情至深（但无疾而终）的爱情的作品——男主角赋予了他第一次和无法得到的爱慕对象夏洛特共舞时所穿的蓝色外套和黄色背心一种灵韵般的光芒。在这之后，每当他穿上它们，那神奇的第一支舞的感觉就会重现，短暂地将他带回到过去。蓝色外套和黄色背心将遥远的（浪漫化的）过去与悸动（痛苦、孤独）的"现在"融合在一起。因此，他自杀时穿着这几件衣服也就不足为奇了。

罗兰·巴特1977年的哲学诗作《恋人絮语》描绘了恋爱中的男人或女人的滔滔不绝的话语；在这些话语中，挚爱之人的身体与衣饰被客体化、被崇拜。挚爱之人的衣服因此呈现出一定程度的神秘的，或近乎宗教般，或精神性的色彩。在某种意义上，它们承载着挚爱之人的某种身份，是他或她的一部分，因此也具有了魔力。它们不只是（无意义的）物。

在《恋人絮语》中，巴特不解释爱，讲述爱，或描绘陷入爱河之人的心理画像。相反，文本中的片段直接刻画爱的形象——包括逐渐减弱的情感与心绪——任何恋爱中的人都能辨识出这一形象："在每一次的邂逅中，我都在对方身上辨识出与我的相似之处：你喜欢这个？我也喜欢！你不喜欢那个？我也不喜欢！"（巴特，2001 :199）。

与所爱的人（们）相关或紧密相连的物具有非常特殊的含义。但当然不是他们所有的物品都是如此！他们的一些东西会显得格外特别或者有灵韵，这些东西被视作爱慕对象的本质象征；在某种程度上，它们就是那个人。这些物品通常具有高度的触觉性。例如，它可以是一件似乎总是带着挚爱之人气味的毛衣，即便气味非常微弱，毛衣的表面纹理也许也能让人觉得与心爱的人距离很近。它也可以是一个藏有意中人笔迹的笔记本，钢笔在纸上留下的凹凸不平的纹理，仿佛就是深入所爱之人心灵的感官通路。谈论审美可持续性概念的时候，具备这类特征的物品格外重要；它们是故事和关系的载体，也蕴含着魔力与吸引力；它们能够消弭时间和距离的边界。

深情的爱理应取代蜜月期的心醉神迷，在这之后，人们开始迷恋爱人身上的普通或凡常之处，接受他的真实"自我"。基于此，人们接受了如下事实：爱人身上显然有特别的地方，但他的某些部分也是平凡的、人所共有的。这一阶段的迷恋与蜜月期后的失望形成了鲜明的对比，那时人们逐渐意识到，所爱之人不过是众多潜在恋爱对象中的一个；因此，与所谓的接连不断度蜜月的人渴望在爱中体验到的急切与新鲜感相比，这一迷恋正是它的对立面。

年轻的维特在很多方面都是一个接连不断度蜜月的人。在很大程度上，他爱上的是他塑造的夏洛特的形象以及恋爱的感觉，而非夏洛特本人：

在夏洛特和同伴们聊天时，维特由于偶然听到的一句不顺耳的话，便觉得夏洛特像个长舌妇，并将她归入她的同伴们一伙，不无鄙夷地称之为"可怜的小丫头"。一个亵渎的词一下子冒到嘴边，毫不留情地粉碎了恋人的美意。

（巴特，2001:28）

在捷克作家米兰·昆德拉的小说《身份》中,对爱人平凡之处的接受与迷恋,表现在这一情境中:恋爱中的男人发现爱人的内衣下藏着一封信:

> 他俯身在打开的衣橱前,眼睛盯着胸罩。突然,不知道出于什么原因,他觉得非常感动,被女人把一封信藏在内衣底下的这一古老动作所感动,被他那唯一的、不可模仿的尚塔尔将她融于与她一样的女人的无尽的队列中的动作所感动。
>
> (昆德拉,1998:32)

通过接受爱人的人性,恋爱中的男人与爱人的真实身份和解了,换句话说,他认可了如下事实:她只是人类中的一员,她的人性与其他人无异。人性是普通的、日常的,但这并不是消极意义上的日常性。日常之物散发着灵韵,因为它们会变成永远有益、迷人、恒久的东西。

与爱人的人性和常态结合、和解,这恰好让我想起了几年前读过的一部小说：土耳其作家奥尔罕·帕穆克于2009年出版的作品《纯真博物馆》。在小说中，主角凯末尔一生中的大部分时间都在收集属于或曾经属于或以某种方式让他想起他心爱的芙颂的东西。他出于各种不同的原因没有及时与她结婚，从而毁掉了他们之间的机会。他收集的各种东西——烟头、一把旧尺子（有时他甚至忍不住要去舔一口）、发夹、几件衣服（带有她的感觉与气息）和她父母家里的小瓷偶——给他带来了灵韵般的体验。当摸、闻或尝这些东西时，他开启了一条通道，使他从苦不堪言的现在穿越到了美妙的、尽管早已失却的过去。有那么一刻，"当时"和"现在"之间的距离被抹除了：凯末尔短暂地进行了一次时光旅行。经由收集到的东西，他再现了一生中最幸福的时刻，由于芙颂的死亡在人类当中是平淡无奇的，他得以一直维系着对她的痴情。实际上，这些东西昭显了她的脆弱和人性，而这正是打动他的地方。

2012年，帕慕克在伊斯坦布尔开设了一个与他小说同名的博物馆：纯真博物馆。该博物馆展示了凯末尔在小说写作过程中收集的所有东西；毫无疑问，这一展览是琐碎物品和普通小玩意儿，或者更确切地说，是极其私人化的"珍宝"的终极收藏。在博物馆开幕之际，帕慕克接受了《纽约时报时尚杂志》（*The New York Times Style Magazine*）的采访：

> 假如我在一件旧外套的口袋里发现了一张多年前的电影票。……当我看到这张票的时候，我不仅想起曾经看过这场电影，也回忆起了电影中的场景，我以为这些场景我已完全忘记。物品有这种神奇的能力，我很喜欢。
>
> （布鲁巴克，2012）

如帕慕克所言，这些特定的物品有趣的地方在于，它们能够在过去和现在之间筑起一条通道，通过这条通道，早已遗忘的经历和情绪可以"穿梭"于过去和现在之间。也就是说，物品可以是事件和情绪的载体。

对所爱之人的人性和常态的痴迷表征着一种与事物的关系，这种关系之所以吸引人，并不完全取决于事物的新鲜价值，而是因为它们能够长期维持着受众或使用者的兴趣。正如本章开篇的引语所指出的那样，"一旦蜜月期接近尾声，大多数情感依恋就会消失"（查普曼，2011:66）。但有些东西与众不同。有时，客体与主体能够在审美或情感的基础上建立起深厚的联系，并且这种联系在很大程度上是基于对事物之常态及其反复触发愉悦感的能力的赞赏。有些事物人们永远不会厌倦，或者至少在相当长的一段时间内是这样，也许甚至人们几年之内都不会厌倦，并且，在持续不断地感知与使用过程中，人们也乐此不疲地享受着事物所激发的愉悦。

设计神奇之物

在设计中融入一些神奇之物的特征，使它们成为充满了主体情感和故事的载体，便有可能为在客体与主体之间建立起强烈、可持续的情感联系奠定基础，这一联系之所以可持续，是因为受众并不愿意更换或丢弃这一物品，它能够为他开启一段通往既往经历或所爱之人的通道，从而连缀起现在与过去。

是否有可能以这种方式创造出影响广泛目标群体的

物品或产品？生活中的事件，人生旅途中遇见、爱过的人，这些都是相当主观、私人化的，是人生旅途中独一无二的部分。因此，从表面上看，似乎无法运用如此特别、独有且个人化的东西。然而，有趣的是，那些能够抹除时间和距离的物品——使人回想起过往时光和挚爱之人，即使可能只是短暂的一瞬间——与人一生中的重要时刻、重要人物共享着许多特征。

在《纯真博物馆》中，日常物品复魅了，主人公多年来收集的许多琐碎物品被从原有的背景中剥离出来，移到全新的环境中，也即博物馆中（参见上一节关于现成艺术作品的部分，它们能够使日常物品重获魅力）。如此一来，这些物品的层次被提升了，它们不再仅仅是琐屑的、怪异的东西。主人公的藏品歌颂了重复与常态，其中包括大量的烟头和发夹，这些物品让心爱之人的日常生活得以具象化——她因此看起来和其他所有人并无二致，也展现了她的人性。表现出人性，但并不意味着微不足道！也就是说，正是在人性和日常生活的常规状态中，我们找到了别致、诱人的东西。或者可以这么说，正是通过对日常生活及其例行程序的重复、坚持以及近乎仪式性的保护,在事件的洪流中塑造一种人生,主人公才得以创造出持久感和价值感。主观的时序性——存在于数量庞大的、有形的、看起来微不足道的物品中,能够暂时消除时间和空间,向我们揭示出客观与永恒[6],使表面上极其个性化和私人化的物品收藏,如烟头等,对小说中痴情的主角以外的人来说也充满了趣味和意义。它们不仅是物的集合,也表征和歌颂了持续、重复和人性。如"熟悉之物的复魅"部分所述,事物复魅时会迫使主体反复不断地受到吸引,使他体会到超乎寻常的持久性和可持续的(或缓慢的)审美、感官愉悦。

当钟表时间与永恒当下相遇的时候,对时间的不同理解,也即对神圣时间的理解产生了。神圣时间是时间的循环。……与钟表时间、世俗时间的线性推进相反,神圣时间向我们呈现出一种循环的时间观,时间不断循环往复;神圣时间可以被视作永恒的无尽重复。

(沃克,2007:143)

在欣赏和照料我们周围的"常规"事物时，沃克所说的钟表时间和神圣时间发生了汇合，从而延长了时间。设计师们应该力所能及地引导消费者们发现重复与循环的价值，而非将其视作琐屑无味之物。

在看过了许多个体讲述神奇的物如何能够连通时空，或"唤醒我们的终极潜能"（沃克，2007:50）的故事后，我认为，可以为持久事物的基本特征提供一些衡量标准。也就是说，辨识出承载着故事与关系、充盈着时间感的物品的风格样式或一般特征后，我们便可以理解这些物品的特点。一旦这些特征确定了下来，设计师就可以在设计新物品时构建起主客体间的持久联系。

像悲剧诗歌一样，设计师可以采用一般的人性主题材料，尽可能扩大受众的范围，使之体会到世俗性的灵韵，从而赋予他们以净化体验[7]。世俗灵韵可以体现在如下形式中：

1.童年时代及其感性体验。这可以通过采用不同的表面和结合使用多种不同的材料来实现，它们能够激活触觉，让理性保持"待机"模式；或者，设计师们也可以采用一些能够勾起人们对"祖母"的儿童般的回忆的工艺,如蕾丝、针织品、钩编元素等,所有这些工艺都蕴含着生成时间,讲述着关于古老的本土工艺技术的使用与维护的故事。

2.意中人的物以及对意中人的常态与神奇的人性的歌颂,这种人性绝不是微不足道的,而是能以日常服装或生活用品这类昭示着日常性的物品的形式出现,平凡普通的事物也因而显得别有风趣。

3.我们能够在充满重复、具有整齐和谐的外观的物品中找到心流体验或与世界合二为一、在世界中轻松自在的体验,这类物品传递着"漂浮"的感觉:不受拘束,与此同时又身在其中。

在第七章"审美策略"中,我将进一步阐明设计师应当如何策略性地实现预期中的受众体验,以便能够在主客体间建立持久的联系。

注释

1 我将在第六章《审美滋养》一节中再次讨论这个概念。
2 参见我在第二章对康德将崇高审美体验分为三个阶段的描述。
3 参见第三章《可持续的物性》,在这一小节中我也使用了"常态"的概念。
4 我在第二章中也提到了这一点。
5 参见第四章《设计时间之物》。
6 参见康定斯基和他的内在需要指导原则,我在本章前面的《触觉的灵性》一节中提到过这一原则,并针对物品设计及其过程这一语境进行了相应的转译。
7 参见亚里士多德的净化观,它涉及好的、有效的悲剧,这种悲剧能够"净化"观众。有关崇高与净化的关系的深入讨论,请参见第二章。

第六章 可持续美学的价值

设计的意义可以通过它为生产商和消费者创造的附加价值，以及在市场供需体系中发挥的作用来理解。然而，仅从经济角度衡量设计只能让我们在非常有限的程度内理解功能性物品的意义。它没有考虑消费者的欲求、需要和偏好，而这些是无法用经济术语表达出来的。

（沃克，2007:187-188）

正如沃克所说，"价值"不只是一个经济的或功能主义的术语。在购买一件物品时，"物有所值"并不是评估其整体价值的决定性因素。情感需要、欲求和审美偏好在推动人们做出购买决定方面发挥了重要的作用；它们不是理性参量，而是可以被归入非理性或反理性，甚至前理性的范畴，因为它们不涉及做决定时的理性考量。

那么，设计师是否能够调控消费者的非理性偏好，影响他们基于欲求的购买决定？此外，是否存在这一可能：对物品的非理性或前理性喜好是普遍现象，它能够支配我们与外部世界的关系？

通常而言，创造价值时人们主要关注利润的最大化。然而，从可持续的角度来看，在产品中创造价值更多的是指创造关系——在产品与当地社区、员工、生产商以及消费者之间建立联系。此外，持久性是可持续价值的创造中的一个重要方面：生产出质量和功能耐久的产品，为消费者创造持久的价值。审美可持续价值与可持续价值密切相关，但同时审美可持续价值又渗透着审美体验。审美可持续价值有赖于物品的表现形式在长达数年内为观者/使用者提供愉悦感的能力。

德国哲学家亚历山大·戈特利布·鲍姆加登

（Alexander Gottlieb Baumgarten，1714—1762）是公认的美学这一学术性学科的奠基人，他认为，审美本质上是发现新知的过程：审美构成了基于情绪和感觉的感性认知（cognito sensitiva）形式。审美认知不同于逻辑或理性的认知形式（乔根森，2001:235），它发生在思维和语言之前。审美认知关乎人类主体与世界的直接、正面相遇。因此，审美体验能够启发人类了解世界的运转机制，这对所有个体来说都是如此。审美体验，体验美，能够使我们短暂地脱离琐碎的日常生活。每个人都可以体验美，无论个体差异多大，审美体验往往都很相似；或者更确切地说，我们以相似的方式感受、体会、感知美，但却无法诉诸语言。这是因为，当我们沉浸在审美体验中的时候，语言已经不再重要。审美体验在某种意义上是无法言明的。

审美体验中的物品是否具有普遍性，这一问题仍有待进一步的讨论，但这一问题正是决定审美可持续性的本质的根本所在。我认为，审美可持续价值能够附着在物品上，主体与客体、人与物也能在此基础上建立联系。审美价值部分源于物品或物自体[1]，部分在于客体与体验主体在审美体验和存在时间中的互动与对话。物品能够被赋予审美可持续价值,因此,物品、产品(或概念)的设计师或传递者在某种程度上也可以筹划或调控审美体验。

如第4章所示,赋予物品审美价值的方法之一即是在物品中注入生成时间或存有时间,或者试图延长存在时间。[2]此外,设计师也可以通过创造中性的、能够融入多种不同环境的物品,为数量众多的使用者创造愉悦感。多功能物品是创造持久的审美价值的另一种方式;这些物品能够改变外观和表现形式,以适应使用者随生活阶段不断变化的需求。

为产品注入审美价值时,特定的内涵也具有相关性。设计师可以在物品中嵌入不同的内涵,但他需要认识到,审美体验以及随之产生的对物品的审美、情感依恋是相当主观的,例如,对物品的依恋可能与个体记忆有关。因此,至关重要的是,不要封闭物品的内涵意义,或在它之中注入过量的内涵内容,以免阻碍了个体阐释的发生。在设计过程中,某些内涵意义会被嵌入到产品中,这是很自然的事,但重要的是,设计师同时也需要创造一个允许使用者将他个人的过往经历投注其中的结构框架。设计师或许想要赋予物品某一特定的审美价值，以期为使用者制造某种特定的审美体验，但是，如此一来，他就需要具备高度的受众意识，唯有如此，他才能在物品中融入合适的、能够以预期的方式被解读的元素。

我将在第七章《美学战略》一节中再次讨论用户体验的策略性筹划，但现在我想着重讨论传达可持续性美学的内在价值的重要性。除非消费者能够了解产品的生产和设计过程，否则他们将很难接受这一事实：可持续、耐用产品的成本一定高于批量生产、相对消亡较快的同类产品。

传达可持续美学的价值

创造可持续的设计，尤其是可持续美学，其基础是，让消费者相信购买数量更少但质量更优、在品质和美学表现力上均能维持更久的产品的重要性。其中，至关重要的是，让消费者了解购买制作上乘、设计精良、经久耐用的产品的意义所在,这些产品的生产过程合乎伦理规范,工人的工作条件良好。如果消费者不愿意在精心制作的产品上多花钱,那么设计师将很难消除充斥着我们时代生活的过度消费。终结过度消费的解决方案是,说服人们改变他们的购买模式;这样做的目的并不在于比以前花更少或更多的钱,而是少买东西,买好东西。

因此,在沟通中创建一个关于审美可持续性的叙事是设计师做出真正贡献的关键所在。关于审美可持续性的信息必须通过如下方式传递:用户能够体会到它的价值。有鉴于此,我将在这里探索、讨论如何传达或营销审美可持续性的价值;审美可持续性的沟通层面关乎的是作为"承载物"的产品中的时间、过程和故事,所有这些都有助于提升物品的价值。此外,至关重要的是,设计师需要告诉受众或用形象化的方式向他们展示出为何审美上可持续的产品旨在被使用多年,并且,出于这个原因,它们的成本将高于大规模生产的产品。后一类型的产品必然会过时,它们不能妥善地老化,存在的意义就是为了能够被定期更换,以确保生产的车轮不停运转。审美可持续性的主要目标即在于颠覆传统的生产方式。

但是,我们如何传达产品中的时间和审美因素,从而证明它较大规模生产的产品成本更高的正当性?在这一点上,透明性至关重要。设计师们必须让消费者或用户深入了解相关产品背后的思想、过程和工艺。设计和生产过程越透明,消费者就越容易了解与注定会过时的产品相比所增加的财务成本。换句话说,产品背后的故事、时间和工艺有助于提升产品的价值,使消费者愿意为它支付更高的价格。

审美可持续性价值的传达主要依赖与时间相关的内涵。消费者的内涵体系必须被引导到物品的生成时间上去,甚至可能是物的存在时间[3],以便让消费者领会到物品的复杂表现形式(有鉴于它背后的过程或它的材料组合),这能够让物品在未来几十年里持续保有审美刺激性或愉悦人心的观赏性和使用性。

在这种情况下,视觉交流是有效的方式,例如,一个具体的策略是:展示制作产品的手的图像,这是就字面意义而言的,也就是说,展示正在绘制或塑造某物过程中的手的图片。或者，设计师或产品公司也可以在他们的网站上发布草图或其他形式的过程（如，材料试验）图像，让消费者了解产品的生成过程。通过这类方式传达产品背后的创造过程能够进一步让消费者参与推广最大化减少浪费的原则或概念；终端用户或许还可以参与制定减少产品磨损或修复受损产品的策略，并从中受益。

以审美可持续性为卖点来传递产品的价值可能同样会走向关于持久性概念如何推动产品创造的叙事。例如，在设计过程中是否使用了耐用材料，使产品能够美丽地老去？在产品的功能和表达上是否运用了灵活性原则？或者，设计师是否意在创造出一种中性、极简的表达形式，使之可以在许多不同的情况下与其他物品配合使用？如果是这样，展示出来！让用户参与进来。

在传达可持续审美的价值时，另一个可供采用的策略是，利用产品的独特价值。神奇的东西总是罕见的！[4] 而稀有或独特的东西通常被认为是有价值的，因为它在某种程度上是不可替代的。其中，独特的价值可以通过在某一产品系列中使用不同的图案或材料——或者以别出心裁或"随机"的方式组合图案和材料——来获得。独特价值的创造也可以通过如下方式实现：将生产过程的痕迹整合到最终产品中，或在一定程度上让随机性引导设计过程。当然，大规模生产的物品也可以通过模仿手工制作技艺以获取独特价值，从而在最终产品中创造出一丝人造物的感觉。后一种方法可能有效，但这样一种人为的过程无法讲述与产品的缓慢形成及其背后的工艺和人力相关的故事，因而也无法为产品增色。如此一来，它就丢失了透明性和可信度。

如上所述，透明性是传达审美可持续性价值时必须遵守的通则。用户必须能够感觉到既定产品背后的一切或承载的意图与他息息相关，他也应当体会到，产品背后或形成之前的故事让他知道了关于该产品的很多内情。

什么是价值

谈论价值，以及美学上可持续的价值时，重要的是，将其与人们所处的时代和文化背景中关于价值的通常看法联系起来。换句话说，某一时代的人们或设计师的目标用户群体关于价值的先入之见[5]是什么，与此同时，他们关于美好生活的先入之见又是什么。就这方面而言，我建议首先分析目标群体的文化，将其与时代精神相比较。

当然，什么是有价值的，这取决于我们向谁发问；然而，在西方社会，压力和野心导致了一个近乎普遍的困境：我们应该把精力集中在什么方面？把宝贵的时间用在哪里？我们应该主要关注自我实现和事业还是家人和朋友？当然，这两方面并不互相排斥，但对很多人来说，日常生活中普遍存在这一抉择和困境。我们是应该参加那些很有职业吸引力的工作会议，还是早点接孩子回家，给他们做热可可和饼干？我们是否应当向自己的个人兴趣和抱负倾斜，在工作中追求卓越，或者也许将家人和朋友放在首位是更明智、更有价值的选择？我们很少能以任何理想的方式平衡这两者，我们感到自己必须努力实现马斯洛所说的作为个体的价值，与此同时，也要扮演好父母、爱人或朋友的角色。这就好像方程式的两端根本无法被平衡，日常生活因此伴随着一种持续的愧疚感，这又进一步催生了匮乏感：我们是不是应该在家里陪孩子玩，而不是去参加下午的工作会议（因为我们不正是把时间花在孩子身上才找到人生的意义吗）？或者我们是不是应该沉浸在个人学术领域的最新发现中而不是和朋友一起喝咖啡？正是因为这些难题，被称为"正念"的存在哲学近来变得如此流行，因为存在是晚期近代社会生活中的稀有商品。正因为如此，价值，也即人们认为有吸引力的东西，通常与"稀有商品"相联系。例如，时间、精力以及彻底性和独特性都是当下时代和文化中有价值的元素，这是因为，在这个时代和文化中，绝大多数人都没有时间或精力彻底而专注地投入工作过程中，这就是为什么大多数东西都是大规模生产、千篇一律的原因所在。正因为如此，独一无二的手工产品或模仿这类品质的产品吸引了如此多的晚期近代西方消费者的目光。此外，这也正是传达审美可持续性价值时关注此类品质的意义所在。

企业社会责任与设计师社会责任

企业社会责任（CSR，corporate social responsibility）指的是公司将社会和环境问题纳入经营战略。对一家公司而言，CSR或许意味着公司需要与生产商/供应商合作，以改善工人和当地社区的社会和环境条件。这也可能意味着公司需要制定一套生产伦理实践指南，如，规定公司的分包商为童工提供学校教育。在商业理念中融入CSR的公司可以向分包商提出一系列与人权相关的要求，或者他们也可能会出台策略以应对气候变化。

设计师社会责任（DSR，designer social responsibility）或设计业社会责任（design-oriented social responsibility）是我基于自身对设计师如何创造可持续性的思考和经验而提出的一个概念。DSR在许多方面都与CSR类似。DSR聚焦于在树立商业理念时对人类或社会环境的积极关照，而CSR企划涉及的则是整个的、相对大型的公司，并且公司架构中的每个部分都需要战略性地将CSR纳入其中。相比之下，DSR的内容要简单和直接得多。DSR的承担者是作为个体的设计师，其主要关注点是，设计师如何能够在工作过程中改善人的境况，或发展出一种能够惠及大多数人或某一群体的通行做法。

可持续发展的责任不能仅仅由愿意为慢设计和符合生产伦理规范的产品支付更多费用的消费者承担，设计业必须承担起相当大的一部分责任。作为该行业的代表，设计师能够通过审美可持续性承担社会责任，或将审美与社会参与相结合，或为社会问题及其他当下问题献计献策，以推进可持续性实践。

设计师的社会责任可以通过如下方式实现：保存工艺传统；传授设计步骤、传递专业知识；鼓励本地生产、助力工匠工作。如果设计师能够在设计过程中整合古老的、即将消亡的传统工艺，并为当地社区创造就业机会，那么可以说他将DSR融入了工作中。

为针对某一群体的可持续发展方案的创建做出贡献是设计师践行DSR的另一种途径。选择本地的生产设施是将DSR付诸实践的策略之一。另一种选择是，与来自当地社区的工匠和/或设计师合作，他们有着与设计师自己截然不同的审美理念，通过这种方式重新混合或糅合两种审美方式,从而同时提升两种艺术表现形式。

DSR原则有助于提升产品的价值。如果价值因此有所增加——也就是说,与未承载社会责任的情况相比,此时商品的售出价格更高——设计师便能更好地帮助当地社区并投入更多资源来开发自己的设计。根据我的经验,从可持续发展企划中获利的动机经常遭到消费者和设计师同行的怀疑,他们认为这样做并不合适,因为很显然,可持续发展企划应当由理念驱动,而非出于个人利益和声望的需要。然而,事实是,如果设计无法盈利,那么商业理念就不可持续。不盈利不仅触及了设计师的底线,还会影响那些他最初意欲帮助的人。同样地,不可持续的商业理念也不太可能影响消费模式,而在另一种情况下,它能够帮助我们最大限度地减少过度消费。实际上,从设计或商业理念中获利应该被视作积极的基础,或是成功的标准,而不是在经济上贪得无厌的表现。如果没有足够的资金,人们就无法创造出慢设计,也无法支付承包商和工匠应得的工资,让他们完全专注于工作。此外,在没有盈利能力的情况下,开发、维护传统工艺,或制订最小废物产生的设计方案等都无法实现,除非在项目运行的时间段内有足够的资金支持。

可持续的设计产品具有美学上的持久性,但它们同时也倚赖可持续的商业理念,这些理念最终会带来持续的收益。

设计师社会责任:实例一则

最近,我与一位同事以及一群哥本哈根设计与技术学院可持续时尚专业的本科生一起访问了斯里兰卡。在访问期间,我们参与了一个与手工艺、跨文化交流和美学有关的项目,最终设计出了一些服装和配饰。这个项目让我懂得了设计师和设计专业的学生们如何能够将当地历史悠久的工艺传统——在这个项目中是传统的梭芯蕾丝——融入现代设计,来访的设计师因而可以为维护工艺传统、更新或发展特定工艺或美学表现形式做出贡献。

在这之前,我已经强调过将一致性和变化性融入审美可持续性中的重要性。[6]同样地,在将传统工艺技术整合到设计产品中时，注重保存传统的工艺流程，同时，在原初表现形式中融入新的美学或时间元素也是很值得做的。掌握历史悠久的传统工艺的制造商很可能会因为坚守工艺最初的特殊美学理念或表现形式而故步自封。要想存活下来，将原始工艺与传统上并不相关的美学元素结合起来可能会有所裨益。就这一点来看，欣然接受其他文化的审美特性是可取的。就比如，与我们互动的斯里兰卡蕾丝制造商们个个能力出众，也都十分乐意与来访的设计师合作。

斯里兰卡项目由我们的学生和迪克韦拉（Dickwella）蕾丝中心合作开展的，该中心坐落于印度洋沿岸的斯里兰卡南部小镇迪克韦拉。该中心是在2004年12月的海啸之后成立的，旨在让当地妇女有机会养家糊口并帮助重建社区。

在不确定会发生什么的情况下，我们抵达了迪克韦拉。很快，我们就被当地女人的善良好客以及她们对自身手艺技能的自豪感所打动。她们参照我们十分抽象的草图（这些草图是在对当地工艺传统一无所知的情况下绘制的），成功地将这些设计"转译"为具体的图案和花边，巧妙地捕捉到了我们所希求的那种美感，这些蕾丝花边很容易就能应用在学生们最初绘制的单品和配饰中。然后，斯里兰卡的女人们便开始用她们的蕾丝技术"绘制"我们那些复杂、不对称的构图，这与她们惯常制作的更加传统的对称图案截然不同（古尔达格和哈珀，2015）。她们对工作的自豪感和热情程度令人惊叹。很显然，她们直面挑战，将我们的项目化作了自身手艺的一部分。

因此，斯里兰卡的蕾丝制造商们积极适应外来审美，以促进自身工艺的进步。他们表现出了一种内在的开放性和好奇心，这让我们大受启发。他们解决我们给出的设计"谜题"的方法反过来又激励他们拓展自身的审美，以与我们的品位相调适。他们非常想要"延展"并进一步发展他们的工艺，以突破其限度。

将传统的梭芯蕾丝——或其他传统、耗时的工艺技术——整合到设计物中是创造与生成时间相关的可持续审美叙事的方式之一。[7]人工的痕迹和潜在的过程因此变得可见，讲述了代代相传的传统和知识中所蕴含的故事；与此同时，工匠和终端用户之间也建立了实际的联系。助力工艺元素的整合过程，使其在美学上吸引终端用户的同时也能保留工艺表达方式的核心特点，这是设计师的任务、责任和挑战所在。为了做到这一点，设计师需要对制造商、技术和终端用户有透彻的了解。

要想维持和发展传统工艺，拓展传统工艺或美学的意愿是关键：这关乎形式的一致性与原初表现形式的更新间的结合，前者是年岁悠久的技艺的产物，而后者则需要通过外来影响实现。在对新的美学表达形式持开放的心态，以及推进、融合自身工艺的多种应用方式的意愿和念想的影响下，斯里兰卡的蕾丝制造商们表现出了对上述的审美可持续性的关键内容的理解。学生们离开斯里兰卡时表示，他们想要在未来的工作中继续使用蕾丝或其他传统工艺技术，以不断发展新近获得的设计知识。此外，他们还体验到，在设计过程中，当人们（由于语言障碍）无法通过语言进行交流时会发生什么，他们"被迫"依赖草图，构想出各种各样的形状，将其作为唯一的沟通方式。在设计合作中遭遇语言障碍时，设计师要么在拟构草图时就已经胸有成竹，要么他必须愿意跟随合作过程走，任由它塑造最终的产品。后者正是斯里兰卡项目的情况。由于对工艺(即传统的蕾丝制作方法)缺乏透彻的了解,我们构想的草图抽象且不明确,斯里兰卡妇女们很难对其进行"转译"。然而,她们通过令人赞叹的技巧和想象力成功地将草图转化为蕾丝实物,用作服装的细节或做成配饰,如此一来,学生们不得不放弃对过程的控制。设计成果超出了我们的计划和预期。它们是名副其实的合作作品,而不仅仅是设计师总体规划下的"产品"。那些设计物品即是此次的成果,它们之中盈溢着那年冬天发生在斯里兰卡南部的实践合作和无声交流。由此可见,DSR的精髓在于,我们需要为卓有成效的设计过程创建框架,而不是控制它的每一步。

传统不会自动改变,但跨文化合作能够连通不同的技术和审美表现方式。这种互惠互利的交流有助于推动设计的总体进步,也能有效预防设计方法或技术的停滞。

DSR企划,如此处简要勾勒的斯里兰卡项目,有助于向不熟悉传统的设计师展示本土手工艺,反之亦然。当传统工艺表现形式由于外部压力或干扰(如我们抽象而不精确的草图）而被迫改变时，它能更好地存活下来。因此，设计师的责任是，通过创造有效的干扰，并在一致性（工艺表现形式的核心）和变化之间找到平衡，为传统工艺提供支持。换句话说，设计师应当为当地工匠创造条件，使他们能够展示自身工艺的灵活性，让更多的人认可他们的作品。其目的不是从工艺技术中抹除传统美学的精粹，每种本土手工艺传统都蕴含着丰富的故事和美感，必须加以保存；与此相反，设计师们应当为本土工艺技术和设计策略创造交汇点，以激发美学的内在灵活性。借助这种方法，设计师们可以保护和推广传统技术与工艺，并增加它们的曝光度和热度。随着曝光率的增加，手工制品的价值自然也会上涨。

斯里兰卡项目的一个具体目标是，找到简化技术的方法，或者更确切地说，最大限度地减少制作非常复杂的蕾丝图案所需的时间。学生们没有使用蕾丝制作整件衣服，而是选择将蕾丝细节融入最终的设计。这需要在不牺牲蕾丝工艺的复杂性和细节的情况下完成。通过将蕾丝作为细节点缀，而非大面积使用蕾丝——这对生产来说非常耗时——传统工艺的制造商们更容易从其商品中获利。这样做的另一个好处是,着眼细节而非设计整套服装,并将图案设计得更加不对称和抽象,制造商的设计能更加顺畅地与当代西方"服饰外观"中流行的极简主义衔接。这种形式的转译或许能够开辟新的合作途径和分销网络,这对当地生产者及其工艺来说价值重大。

审美滋养

审美滋养与美的体验以及片刻脱离日常生活的感觉有关。当人们在全新的或熟悉的环境及物品中,体会到一种压倒性的美的触动时,审美滋养就发生了。前文引用的《我的奋斗》中的片段——叙述者突然被某一任意的日常场景中的情绪、光线和美所触动——恰好说明了这一体验:"弥漫在我身上的快感如此尖锐、强烈,一时之间与痛苦无异。"(克瑙斯高,2012:307)美到令人心痛的事物的体验——它们能够将原本毫无意义、沉闷无聊的火车旅行或步行转变为有意义的、近乎精神性的事物——不容撼动。这种体验往往会持续很长时间,因为它已印刻在心灵和感官中。

审美滋养之所以"滋养心灵",是因为美的体验已经被印刻在身体和记忆中了。启人心智的强烈愉悦感随之而来,个体与世界的后续接触也会受这一美学体验影响。

优美、崇高或具备审美滋养的事物或现象可以以一种近乎精神性的方式"满足"我们,或者至少可以说,这种方式不完全是物理的或自返的。与食物、带来身体舒适以及为彰显身份地位而设计的产品相比,在审美上滋养人心的事物能为我们提供截然不同的满足。尽可能地让自己置身于能够提供审美滋养的环境或将具备审美滋养的事物放置在身边,这是非常有益的。正如丹麦哲学家奥勒·蒂森所说:

> 在审美模式中,人们抛开了日常的考虑,尤其是对存在和意义的思考。相反,这种存在模式转而为人们开启了对世界的缓慢、审慎、流畅、专注的感知,这使得他们能够打开较先前更多的感官通道。
>
> (蒂森,2005:29, transl.)

然而，人们接受审美滋养或向其开放的程度并不相同，人们对其重要性的认识程度也不尽相同。

设计师可以通过创造具备感官刺激性和持久性的产品来唤醒受众的感官和思想，让他们不断地在物品中体验到趣味、美感、挑战或将其放置在身边时的舒适感。审美可持续产品的特点恰恰是，它能一次又一次地为受众提供审美滋养。

审美可持续性与情感持久性间的区别

这是一件针织羊毛开衫，是我曾祖母织的。她的名字也叫西格丽德。我的名字就是跟着她取的。我是这件毛衣的第四代传人。我真的很喜欢它的颜色，它质量也相当不错，但我想，毛衣被不断地传承的原因在于，我们都知道曾祖母花了很多时间来制作它。

（地方智慧项目，用户实践）[8]

第三章谈到的"地方智慧项目"收集了大量的用户调查，用以明确那些人们愿意保留、精心呵护、并可能会不断修复更新的服饰的关键特点。该项目收录了几个有关情感价值以及物主和衣服间的情感纽带的有趣例子；不过，另外一些例子指向了稍微不同、不那么情绪化的方向。上述引文向我们讲述了一个女孩对一件代代相传的羊毛衫的情感依恋，这件羊毛衫是她曾祖母织的，她和女孩本人一样都叫作西格丽德。这件开衫当然承载了许多不同的情感和故事，这能帮助它确立特定的主观价值。但是，除此之外，女孩也强调了开衫的颜色和工艺质量，这与审美可持续价值有关，这一点很有趣。如果这件开衫没有在审美上滋养女孩，或它不包含审美上可持续的价值，我敢打赌女孩不会穿它。她可能会欣赏它并将它存放在家里，不把它丢掉，但她不会穿它。她绝对不会经常穿。它也不会是她最喜欢的毛衣之一，她不会觉得这是"她"。换句话说，如果这件开衫仅仅被赋予了情感或情绪价值，那么对女孩来说，它就没有那么珍贵了。事实上，她一次又一次地在羊毛衫精致的触感中感受到了审美滋养，它和谐的色彩（顺便说一句，这在很大程度上与伊顿的互补对比和饱和度对比等色彩理论相契合）[9]造就了愉悦的视觉体验，正是这一点意义重大。开衫的审美体验受熟悉之物的愉悦感的影响；此外，它包含了几种时间维度：存有时间，因为它的历史可以往上追溯四代人；生成时间，因为女孩的曾祖母亲手编织了它，并花费了大量心血来创造精致的对称图案；以及短暂的存在时间，因为它很实用，易于解读，且能凭借和谐的色彩组合立即吸引人们的注意。

可持续美学不仅仅是指对产品的情感依恋。当然，两者间存在显著的相似之处，或者，更确切地说，情感价值是可持续美学的一部分。尽管如此，对物品的情感依恋因人而异，它主要取决于情感价值以及主观的故事、经历或记忆，而可持续的美学在很大程度上是普适的。普遍来说，审美可持续的物品能够给人以满足感，且物品能长期保有这一令人满足的能力，因为它们唤起了普遍性的审美参量和情绪，这能激发熟悉之物的愉悦感或陌生之物的愉悦感。正是出于这个原因，战略性地创造美学上可持续的产品才是可行的。

在最后一章"美学策略"中，我将具体阐述美学可持续性的要素，并就此详细阐明设计师应当如何筹划产品的可持续美学体验，这种体验能够以审美的方式持续不断地滋养受众的感官和心灵。

注释

1 参照第五章《神奇之物》。
2 参照第四章《设计时间之物》。
3 参照第四章《设计时间之物》。
4 参照第五章《神奇之物》。
5 参见沙因对术语"先入之见（潜在定见）"的使用，详见第三章的"时代精神分析"部分，我在那一部分概述了沙因的模型，它包括三个层次：人工制品层次、价值观念层次、潜在定见层次。
6 参见第三章《审美灵活性的表达》。
7 参照第四章《生成时间》一节。
8 www.localwisdom.info/use-practices/view/61
9 请参阅第一章中《颜色的通用效应》部分，我在其中介绍了伊顿的颜色理论和他的七种颜色对比类型。

第七章 美学策略

美的体验不可能像最初受它影响的人表现的那样主观。如果在产品中创造美的努力有意义的话,那么我们必须假定,人们至少在一定程度上共享着美的体验。……艺术家、设计师、建筑师都想知道他或她需要做些什么,才能让公众体会到他或她的物品或布置中的美感。艺术家需要做的,也正是美学的任务。

(博默,2010:23)

德国哲学家格诺特·博默认为,尽管美的体验具有明显的主观性质,它们在本质上是相似的,具有一定的普遍性，为所有人（或大多数）所共享。这也许就是我们喜欢阅读描写世界中统一的体验的小说，或我们沉迷于表现他人对美的感性体验的电影片段的原因所在。如果人们对美和崇高的体验没有相似之处的话，那么，当他人对具有启发性的、美的、和谐的体验的相关描述呈现在我们眼前时，我们从认可、理解、同情、认同等的喜悦中获得某种满足感的说法就不成立了。审美体验具有普遍性，它与民族、文化和时代精神的差异无关，正是这一点构成了我对美学可持续性论述的基础。此外，这一普遍性对美学策略也至关重要，而美学策略，正是本书最后一章的关注点。

普遍化与审美化

像博默一样，利奥塔也认为美是普遍的。此外，在《崇高之后》（*After the Sublime*）中，利奥塔还在品位偏好与美所给予受众的快感之间做出了重要区分：

如果一个人喜欢一朵花的颜色或声音的音色，就像喜欢一道菜而不喜欢另一道菜一样，是个人特征的问题，那么这种经验主义的快感就无法为所有人共享。相反，如果某一特定的独特品位要为所有人共享，正如美之快感所要求的那样，这一愿望只能寄托在能够激发这一快感的物品的形式中。

（利奥塔, 1991:138）

正如利奥塔所指出的，品位偏好通常基于个人的经历和记忆；换句话说，它们完全是主观、情绪化的，例如，喜欢白色风信子而不喜欢蓝色紫罗兰，喜欢梨派而不喜欢苹果派，或者喜欢迈尔斯·戴维斯超过喜欢大卫·鲍伊。品位偏好具有主观性，设计师因而很难掌控。与高度主观的偏好相比，由美（或崇高）所激发的愉悦感却是普遍性的，从某种意义上说，这就是利奥塔描述的"兼收博采"。借此，利奥塔向我们表明，美的体验中蕴含着普遍的、人所共享的元素。

共享的元素值得努力寻找。为创造美学上可持续的产品，设计师必须尝试将美的体验的共同元素融入产品中。这些元素赋予产品体验以相关性、非凡性和持久性。

但是，怎样才能做到这一点呢？与其宣扬白风信子的高级美感，不如尝试传达白风信子所蕴含的氛围和审美滋养。每个人都能辨别出在审美上被满足的氛围体验，无论他们是否认为白色风信子比蓝色紫罗兰更美。

当独一的情况或体验被普遍化、审美化时，它们就从单纯的品位表现演变为更多的东西。在利奥塔看来，正是兼收博采多样性的方式，而不是内容或物质本身，决定了美的表现形式能否从纯粹的个人品位转化为更具广泛吸引力或更具有普遍人性的东西。因此，与其将个人经历或记忆整合到设计产品中——就像设计师的祖母和她美丽、温暖的家，她精心准备的晚饭，她一针一线织的毛衣之类的东西——不如将故事"提升"到元层面，从而将其转化为更普遍的、受众更能与之关联的东西，此时它所体现的是"质朴感"和"慢美学"。换句话说，为了不封闭自己而将他人拒之门外，个人的灵感必须被转化为一般性的东西，如此一来，除设计师之外的人才能从中体验到相关性和切近性。为了创造普遍性的审美吸引力，设计师需要从在设计产品中添加个人品位和记忆往前迈一步,将他们对美的主观体验转化为更为普遍的主题或概念。将感官上和精神上的深刻记忆、影响转化为更具普适性或主题性的东西之后,这些记忆与影响就能传递给受众,并可能会让他们想起类似的经历。在设计过程中,个性化的元素必须被普遍化、审美化才能获取相当程度的相关性和开放性,如此一来,受众便能欣然受之,并在其中融入他个人的现实和历史。

联系上文所述的我儿子的藏宝趣事,[1]可以看出,不同种类的美的体验,虽然具有个性化特征,但往往是相似的,这一点博默和利奥塔也曾论述过。这种相似性可以被辨析出来并注入物品中,从而在设计过程中发挥作用。相应地,亚里上多德在《诗学》中谈到净化体验时也指出,表演艺术家(或设计师)应该关注普遍的人性主题,以便"打动"受众。净化与戏剧体验相关,更具体地说,它关注的是悲剧而不是喜剧,因此,净化原则通常会引向"分离""单相思"或"死亡"之类的主题。净化体验指的是,观众在一个安全的位置(剧院座位)上受到丧失感之类的情绪的冲击,但仍能在没有任何实际危险的情况下处理这些情绪。[2]然而,只有个体感到戏剧（或相应的设计产品）与他的个人生活相关、切近时，观者才会被打动或被影响。并且，只有在悲剧的作者（或设计师）设法将故事（或产品）普遍化、审美化到具备广泛吸引力的程度的情况下，这一相关、切近之体验才会发生。为了打动或影响受众，从而为审美体验的发生奠定基础，作者（或设计师）必须利用普遍的人性主题，以便能够兼收博采多种灵感来源，将个性化的品位偏好与记忆普遍化、审美化。普遍化创造"开放性"：由于其风格化的形式，故事/产品能够容纳或包含受众的个人情感和需求，因而也具有了体验上的包容性。

卡尔-奥韦·克瑙斯高的小说《我的奋斗》的第一卷是普遍化和审美化的范例之一，我在前文引述过这本书。尽管它的故事具有高度的个性化特征，而且作者也以叙述者的身份出现在文本中，但这部小说仍然具有广泛的吸引力，因为克瑙斯高是在"父亲形象""对母亲的依恋""兄弟姐妹之间的竞争""失落感""自尊或自尊的缺乏""抑郁"以及"家庭事业的挫折"等普遍人性主题的基础上讲述他的这一原本非常私人化的故事。大多数人都可以理解这些主题并产生认同感，每天扮演父母、伴侣/配偶、朋友、职员、兄弟姐妹、邻居和同事等多重角色的近现代西方人尤其如此。因此，这本小说是相关的、"开放的"，琐碎和繁杂的元素都被普遍化、审美化了。

将审美价值融入到设计产品中需要提炼个人经历及其影响，将它简化、审美化，从而创造出能与他人产生关联的、"开放"的物品或概念。设计师需要寻找美的体验的共同特征，并反复尝试，将这些共同点通过产品或概念传达出来。也就是说，可以将触觉体验、和谐的配色以及具有象征意味的语言信息融入物品中。

换句话说，运用普遍化、审美化的规则意味着，将特异性的体验转变为普遍适用的体验，或者将主观的体验加以转化，使他人在不同的时间、地点和语境中也能体验到类似的心绪。这种转变的发生需要赋予作为设计过程的出发点的独特个体经历，一种可以理解的、广泛适用的形式或表达方式。在小说《缓慢》中，米兰·昆德拉这样描述这一过程："美，就是为某个时间段赋予一种形式，记忆同样如此。因为无形的东西无法被把握，也无法被记忆。"（昆德拉，1996:38）如果设计师无法用形式化的方式将他希望传递给受众的情绪的实质内容表现出来，从而将这些独一的、特别的记忆与影响审美化，使之成为某种普遍的东西，可以用形状和材料加以展现、说明和表达，那么，产品或概念的体验将会是短暂易逝且无关痛痒的。

持久的表现形式

在前面的章节中，我试图确定创造持久的设计产品的最佳途径，这样的产品能够持续为受众提供审美滋养，因而具有美学上的可持续性。在本书的论述过程中，我就产品和概念设计详细提出了几种创造美学可持续性的方法。在下文中，我将对其进行总结，并进一步强化这些方法。

这本书的基本假设是，在不具备面向受众的美学吸引力的情况下，就其质量与功能而言，物品也可以是持久的。但是，如果不表现出美学吸引力的话，比如说，物品根本不好看、不吸引人，表现形式也不符合使用者的期待，人们将不会珍惜这些物品，或长时间保留它们。在这种情况下，物品可以说不具备美学上的可持续性。

探讨普遍性的美的体验时，本章题词的最后几句话值得突出强调："艺术家、设计师、建筑师都想知道他或她需要做些什么，才能让公众体会到他或她的物品或布置中的美感。艺术家需要做的，也正是美学的任务。"（博默，2010:23）而我的目标正是，阐明设计师需要考虑些什么，以确保设计产品的受众能够获取审美体验。这就是我沟通哲学美学和设计实践的原因所在。

以下部分即将讨论美学策略，这些策略既是本书思考内容和案例研究的集合，也是实操；与此同时，它们也为当下主题的深入研究奠定了思路。这些策略是为实际用途而设的，因此，其中包含了为设计师定制的具体指导方针，它们可应用于产品的设计过程，无论该产品是实体还是非实体的。此外，该策略也可应用于设计物品或概念的分析。

策略的设计基于以下假设：人们需要审美体验，美好体验和审美滋养；此外，从根本上讲，每个人都需要在某些时候挑战自我，而在另一些时候让自身关于世界的基本定见得到证实。这些策略旨在让设计师能够有意识、策略性地为用户创造审美体验，以强化产品和用户之间的联系。

制定美学策略的起因是，我发现，在哲学美学和设计之间缺少具体、实用的"操作"联系；在讨论设计美学时，尤其是涉及美学与设计过程（即，不是作为设计分析的出发点）的时候，我需要一个"工具"和一个词语。该策略背后的思想动力是，让美学方面的考虑在设计过程中发挥积极的作用。这一策略工具的目的在于，使设计师能够将美学设计体验方面的思考整合到设计过程中，并通过产品表现出这一审美意图。

如果设计师希望通过设计出符合消费者身份需求的产品，或有助于提升受众自尊心的产品，来创造"市场潜力"，那么很有可能，这些产品的保存期将会很短暂。如果相反地，设计师努力创造出旨在符合、满足精神和审美需求的产品，而非仅仅注重功能性的、社会周期短暂的欲望，那么这些产品就有可能"沟通"沃克所说的人类最高潜力（沃克，2007:50）。如此一来，他们就能克服短暂性和脆弱性。这种水准的产品只能是持久、可持续的。

审美策略中的对立元素

艺术家是演奏中的手，触摸这个或那个键，在灵魂中引起共鸣。因此，色彩和谐显然必须建立在人类灵魂中相应的共鸣的基础上；这是内在需求的指导原则之一。

（康定斯基，2008:62）

在康定斯基的理解中，运用审美策略工具时，需要为在受众的灵魂中"引起共鸣"进行策略性的筹划。当设计师运用审美策略时，他们因此必须将预期受众的体验囊括在设计过程中。

审美策略围绕四组彼此对立的概念构建出来的。这几组概念灵感来自优美与崇高之间的区别。在行文过程中，我一直在使用其中的几个概念。这四组概念是：

即时回馈与即时存在

强化舒适感与突破舒适区

强化范式与背离范式

融入环境与脱颖而出

审美策略模型

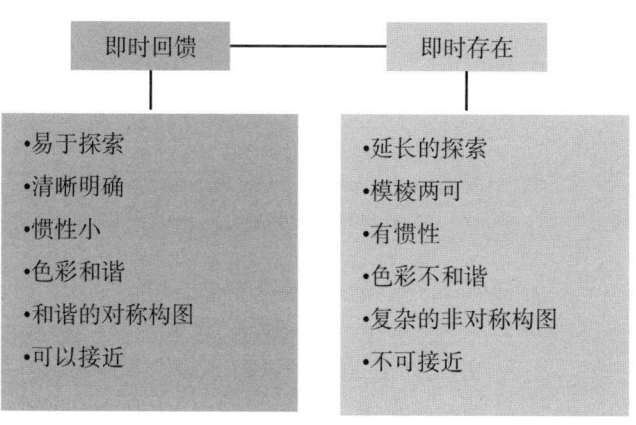

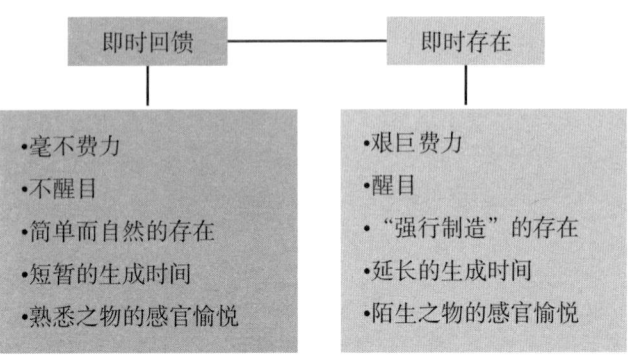

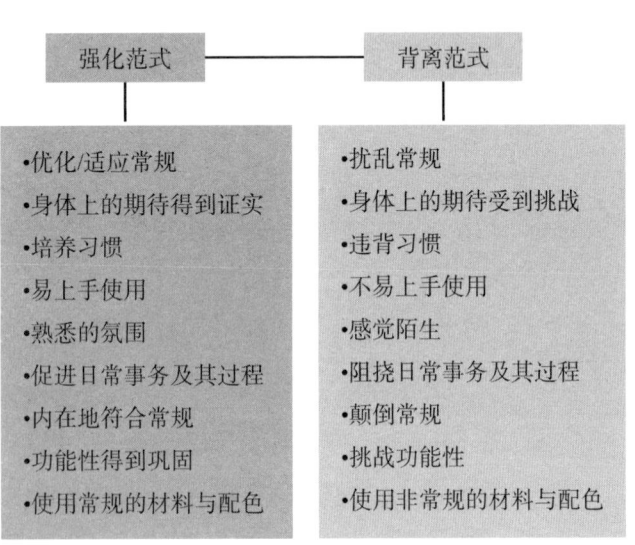

基于附加象征价值的符号学解读的审美体验

强化舒适感

- 基本定见得到证实
- 解读时间短
- 易于理解
- 无惊奇感
- 舒适
- 由语言信息给定的隐含意义
- 熟悉感
- 令人欣慰
- 无自我意识
- 优美
- 熟悉之物的情感愉悦（舒适区被拓展了）

突破舒适区

- 基本定见受到挑战
- 解读时间长
- 不易理解
- 惊奇感
- "出事了！"
- 模糊的隐含意义
- 怪异、不适感
- 净化人心
- 被迫引发自我意识
- 崇高（停留在崇高体验混乱的"第二阶段"）
- 陌生之物的反思性愉悦（思维被拓展了）

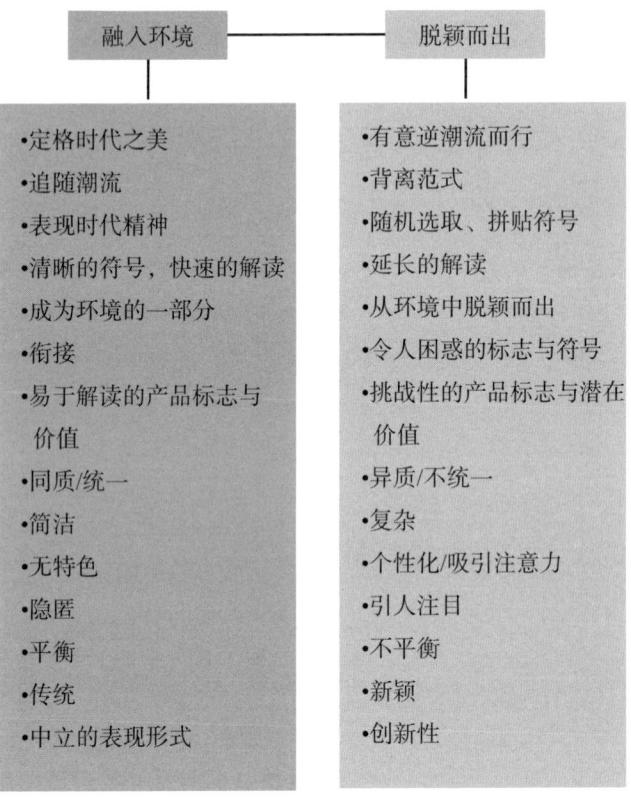

融入环境	脱颖而出
•定格时代之美 •追随潮流 •表现时代精神 •清晰的符号，快速的解读 •成为环境的一部分 •衔接 •易于解读的产品标志与价值 •同质/统一 •简洁 •无特色 •隐匿 •平衡 •传统 •中立的表现形式	•有意逆潮流而行 •背离范式 •随机选取、拼贴符号 •延长的解读 •从环境中脱颖而出 •令人困惑的标志与符号 •挑战性的产品标志与潜在价值 •异质/不统一 •复杂 •个性化/吸引注意力 •引人注目 •不平衡 •新颖 •创新性

无论是为受众创造能够激发即时回馈感的审美体验，还是赋予他们以即时的存在感，设计师都应首先诉诸受众的感官和身体存在。如果注重强化或突破受众的

舒适区，那么设计师应该努力在产品中融入象征价值或美学上可持续的价值。其他两组概念依此类推。强化或背离范式时更多地涉及审美体验的现象学、感性维度，而融入环境/脱颖而出两组概念则与满足/违背受众基本定见之间的关联更强。

有一点需要注意的是，概括地讲，以上策略模型中所有的"深灰色"栏都与"熟悉之物的愉悦感"相关，而"浅灰色"栏主要针对的是"陌生之物的愉悦感"。

对目标受众的全面了解是运用美学策略的先决条件；只有当产品被受众认为与他们相关时，它才能为受众提供美学滋养。因此，运用美学策略的第一步应该是进行深度的受众分析［沙因模型的三步骤——人工制品层次、价值观念层次、基本的潜在定见层次（沙因，2004:26）——能够为调查分析提供一个有利的框架］。策略实施的第二步应当是，明确产品应当满足还是挑战受众的基本定见或期望。就这一阶段而言，正确的做法是，考察什么样的元素适合运用在当前的产品类别中。最后，在审美策略的第三步中，设计师必须确定他想运用策略中的哪些元素，以及为什么这些元素能够与设计目标相契合。在最后一步中，还应考虑策略的实施过程：哪些设计惯例或内涵能够助力既定审美策略的实现。

以下部分我将详细描述几组对立概念的内容及范围。此外，我将阐明如何将策略囊括在设计过程中，以及如何使用策略模型的关键术语进行设计分析。

不过，首先，请参见280-283页上的内容，此处详细介绍了模型中的几个概念组以及每一组概念的区别。

即时回馈vs即时存在

试图使受众在产品中体验即时回馈感/存在感的潜台词是，受众要么能够立即理解和使用设计物，要么受到产品材料、形状和颜色的挑战，突然体验到强烈的存在感，或者被从日常"催眠性"的活动中抛离开来。即时回馈感/存在感这一范畴尤其适用于实体物品的设计过程，在非实体的概念或体验设计中则正相反，因为这一范畴的核心关注点是感官体验。它主要关注受众对物品的感官接触，因此，设计师应当致力于引导受众探索而非解读给定的物品。³这一范畴聚焦于物品体验本身，而非物品的内涵。

无论设计师想要为受众提供哪种类型的审美体验，或通过何种方式为受众提供审美滋养⁴，对目标受众的全面了解都不可或缺。在即时回馈感/存在感这一范畴中，他们尤其需要了解受众身体或感官方面的基本定见。例如，面对客厅家具时，受众的期望是什么？他是否会将椅子、长凳或沙发与某种特定的材料联系在一起？他是否认为，这一类别的产品通常需要具备某种特定的色彩（组合）或样式。只有了解了受众的期待以后，设计师们才有可能满足或挑战这些期待，从而为受众提供基于感官的熟悉之物的愉悦或相反类型的愉悦。

即时回馈：满足触觉期待

设计师在运用即时回馈感这一审美策略的时候应当基本满足受众的感官期待，也即受众对产品的感官体验的预判：触摸、握住、举起或使用它时会有怎样的体验。

赋予产品内在的或明显的使用方式，使其变得透明，便能触发极其愉悦人心的即时回馈体验。这意味着，产品本身，在不使用吊牌或其他类似文字形式的补充信息的情况下，可以自行向受众"解释"它的使用方式。因此，好的包装设计通常具备即时回馈的特点：用户能够直观地或在短暂的触摸、研究后获悉打开、使用，并再一次合上物品的方式。通常来说，这一类的产品体验能给人以极大的满足感。对于很多其他在探索和使用方面功能性与简洁性尤其突出的产品类别来说，情形也是如此。即时回馈体验的特征之一是，物品的审美特征明白晓畅，人们能够立即懂得应该如何使用这一物品。因此，运用上述审美范畴时，设计师很可能会创造出不引人注目、具有和谐表现形式、易于理解的物品。

即时回馈的审美体验是直截了当的，它的主要特征是，物品与受众立即建立起联系。受众的期待被满足了，甚至有可能产品体验远超期待，几乎就像是为受众"量身定制"。然而，需要指出的是，设计师不应通过模仿或复制现有产品来满足受众的触觉期待。相反，在设计实践中，他应该尝试使用某种设计惯例，这种惯例可以为受众提供愉悦，也即让受众感到一切都符合预期，但与此同时，物品也能长时间地保有吸引力（因此获得美学上的可持续性）。如前所述[5]，美学上可持续的物品兼具熟悉性（类似于受众已经见过或触摸过并因此早已熟悉的东西）和焕然一新的变化。就即时回馈而言，更新性或再生性的特征可以不那么突出，例如，可以使用容易与物体形状相适应的材料，以完美地契合设计惯例，但它同时又与通常在类似物品中所使用的材料略有不同。这种材料的效果也许更好。在产品设计过程中应用即时回馈的策略的有益做法包括研究外套、椅子或咖啡杯子等物品能够容纳多大程度的创新：你可以在多大程度上将物品的形状或感官特性加以延展，但与此同时，仍然确信它能给受众带来愉快的即时回馈体验？

将即时回馈用作审美策略的构成要素之一时，设计师需要牢记以下准则：

大体来讲，产品应该易于探索；它的使用方式最好符合常规。也就是说，产品必须已经内在地给出了使用说明。

应当重点考虑功能性,这就像是"最适合做勺子的勺子是最具美感的勺子,因而它实际上是由一种耐得住烹饪和食用的材料制成的"[6]。物品应当能够立即上手可用,发挥功效,且能与使用者的双手"交谈"。

受众的生理和感官期望必须被满足;如果某一设计物看起来很重,那么它就应该是重的,如果看起来很柔软,也就应该是柔软的。

不复杂、对称、和谐的结构通常易于探索,因此,在即时回馈这一范畴下的设计形式中,这一结构应当占据主导地位。

材料必须"适合"形状,或者,相对物品的形状来说,材料应该具有最小的惯性。[7]

体验物品时,存在时间[8]应当是短暂的。也就是说,物品必须易于理解。

审美策略中的对立因素应当被看作一个连续的坐标系,设计师可以将他的产品放置在某一点上,这取决于他是想满足还是想挑战受众的期望。如果他的审美策略是,挑战受众但不完全将他带出舒适区,那么该产品在即时回馈与即时存在这一坐标系上可以落在图3所示的位置上。

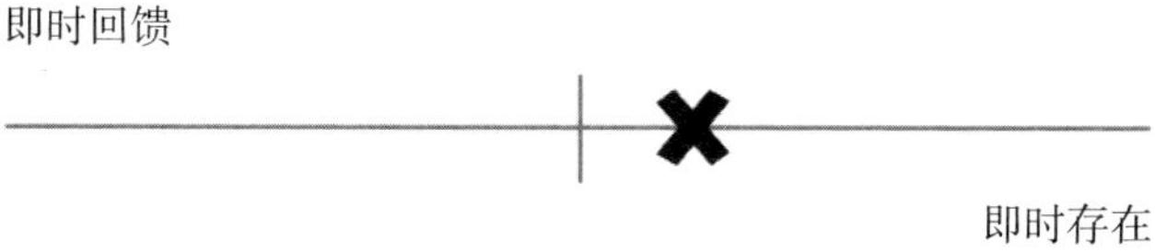

即时回馈

即时存在

图3　即时回馈vs即时存在

该产品显然属于即时存在这一类型,但同时也与即时回馈类型相接近,它的审美体验因此可能包含即时回馈类型中的某些元素。

这个落点把我引向了即时回馈体验的对立面,或者说,引向了即时回馈体验的前一阶段:即时存在。审美策略的所有对立元素都是互为先决条件的,这是因为,如果人们没有首先明确非挑战性的审美体验的构成元素,那么,创造挑战性的审美体验的努力很可能会落空。反之亦然。

即时存在:颠覆感官预设

"物品中沉积的时间性越多,它的外观也就越丰富复杂。"(奥尔斯科夫,1999:84)正如这句话所显示的,奥尔斯科夫认为,将不同的时间进程注入物品中会增加它的复杂度以及探索难度,在运用即时存在原则时,复杂性是可取的。因此,如果设计师在物品中注入生成时间和存有时间,并且(因此)同时希望延长存在时间[9],那么物品的可理解性将显著降低,并因此能够让受众体验到陌生之物的愉悦感。

承载多种时间性的物品,或因某些元素,如,不对称,使用了与形状不适配、惯性大的材料,而显得复杂的物品将会非常引人注目。它吸引受众驻足观看,迫使他突然之间意识到自身的存在,而突如其来的存在感正是这一审美范畴的核心。以即时存在形式表现出来的审美滋养的具体内容包括,被迫存在,被迫与眼前或手中的物品产生联结,以及或多或少地断然从日常生活中脱离开来。通常而言,即时存在这一审美体验的核心是自我意识,受众的期待被削弱了,并因此不得不直面自身的经验局限。

艺术，无论使用哪种媒介，在崇高美学的推动下以寻求强烈效果时，必须放弃对仅仅只是美的模型的模仿，去尝试出人意料，让人感到陌生、震惊的组合方式。

（利奥塔，1991:100）

正如引文所指出的那样，在法国哲学家利奥塔看来，如果设计师的目标是让受众摆脱日常琐事的催眠，或"迫使"他感受感官、身体的存在，那么，出人意料，让人感到陌生、震惊的（形状、材料和颜色）组合方式是有效方式之一。（意料之外的）某些事情正在发生，这一事实能触发即时存在体验，给人以快感。

如果设计师将即时存在当作构成元素之一，运用在他的审美策略中，那么通常而言，他需要延长存在时间或探索时间，从而使受众长时间滞留在混乱中，或使受众停留在审美体验的第二阶段[10]，这样做的目的是引入陌生之物的愉悦感。为了实现这一点，在设计过程中，设计师可以运用以下一项或多项准则：

通过不对称性、扰乱色彩和谐等方式打破构图、和谐等普遍性审美规则。制造干扰是挑战视觉的方式之一，因为受众的眼睛无法立即找到平衡和结构，也无法捕获物品并将其概念化，存在时间因而被延长了。

设计师可以"耍花招"，使用一些看起来轻但实际上重的东西，从而打破重力原则。例如，设计师可以在厚重的材料上印花，以模拟蕾丝或其他轻质织物的效果，创造轻盈的错觉；或者，可以在密实的材料上打一系列孔洞，从而在视觉上改变它外观上的稠密感。

以新的方式或在新的环境中使用材料和（或）物品，以创新设计方式。例如，可以从成品艺术和超现实主义[11]中寻找灵感，将属于一个特定环境的物品放入另一个环境中，例如，照着室内物品的样子设计户外用品，或尝试"奇异、陌生、震撼的组合方式"（利奥塔，1991:100），就像超现实主义艺术家梅雷特·奥本海姆1936年设计毛皮茶杯时所做的那样。

有些媒介，如网站和智能手机应用程序等视觉媒介,通常无法为受众提供触觉体验,设计师可以在其中融入可视触觉,或制造触感错觉,这是创造即时存在体验的有效方式之一,因为它"迫使"眼睛去想象触摸呈现物表面的感觉,从而能够通过眼睛感知触觉。当通过这种方式进行感官连通时,感官就被积极调动了起来。

在物品中注入时间。强调生成时间,也即物品的设计过程的同时,突出存有时间,物品的复杂程度就被提升了,它的生成时间也因而被延长了。例如,在物品中制造出磨损或衰败的表象时,几个不同的时间进程就沉淀其中了。

强化舒适感与突破舒适区

强化舒适感与突破舒适区这一二分范畴部分涉及情感上的愉悦,部分涉及受众意识经受考验后的延展。如果设计师选择将这一范畴中的元素应用到他的审美策略中,那么,他应致力于唤醒受众的情感与联想,要么选择迅速锚定产品的内涵,要么故意让它们在一段时间内保持"漂浮"状态,难以捉摸。也就是说,对于强化舒适区或突破舒适区的审美体验来说，符号式的解读是它的基础。强化舒适感与突破舒适区这两个元素依附于受众的心理活动和诠释行为，以及产品或现象的附加价值。它们可同时应用在实体和非实体产品的设计中。这意味着，与上述的即时回馈与即时存在这两个现象学维度的对立元素不同，设计师可以将这一范畴中的元素应用在概念、事件或服务产品的开发中。当然，它也可以应用于实体产品的设计过程中。

大体而言，强化舒适感与舒适之物的愉悦感以及优美的体验相关，因为这一能够增强舒适感的审美体验中含有直接的愉悦，触手可及是它的主要特征。与此相反，突破舒适区则与陌生之物的愉悦感以及崇高体验，尤其是与后现代崇高体验相关，利奥塔在"崇高与先锋文化"中对这一点进行了概述，在这篇文章中，他将崇高界定为"某事正在发生"或匮乏感暂停的兴奋体验（利奥塔，1991）。与审美策略中其他"浅灰色"栏[12]类似，突破舒适区的审美体验中含有某种由眼前正在发生的（无从理解）事情所激起的愉悦感觉。这种愉悦中有一丝恐惧，因为我们的意识无法立即捕捉、理解激发体验的物品或现象。

在接下来的两个部分中,我将进一步阐述强化舒适感和突破舒适区的美学体验,并为这些美学范畴在设计过程中的应用提供指导。

强化舒适感:拓展受众的舒适区

如果设计师选定了强化舒适感这一范畴,将它作为审美策略的构成元素之一,那么,大体而言,他应该致力于拓展受众的舒适区,赋予他们以自在感和安全感。安全感中承载着某种愉悦的感受,受众清楚地知道他人对自己的期待,也有能力满足这些期待。如前所述,在这一范畴中,对受众的全面了解是必要条件之一;如果设计师无法了解受众的期待,也就难以满足这些期待。在致力于赋予产品以强化舒适感的审美体验时,其核心之一是,在受众和产品之间建立协作感。受众应该感到,他正在被"注视"或"倾听";在与物接触的过程中所产生的联想也应当烘托出舒适熟悉的情绪。强化舒适感的审美体验应当给人这种感觉,它就像是在最为需要的时候，一边喝着别人为你端上来的热可可，一边与喜爱的人进行私密的谈心。你感到正在被注视或倾听，并且你觉得自己得到了很好的照顾。能够拓展受众舒适区的产品具备类似的能力，它向你敞开怀抱，在有需要的时候满足你，并使你感到自在舒适。

为强化舒适感而设计的产品注重符号学式的解读，如前所述，在符号学的世界中，万事万物都是象征。[13]这意味着，所有物品中都蕴含着超越其纯粹物理存在或超越其形式、颜色和材料的意义和信息。也就是说，所有概念都充溢着叙事和价值观念，只有当你了解它们背后的文化符码时，你才能正确地解读它们。因此，只有当受众能够理解这些信息或叙事，或熟悉产品中所嵌入的"符码语言"时，这些信息或叙事才会对受众产生影响。对于强化舒适感这一范畴而言，这一点尤为重要：设计师必须深入了解他正在瞄准、意欲接近和取悦的人群。这一群体持有何种信念？他们受什么东西的影响？他们认为有趣、美的或酷的东西是什么？最为重要的是，设计师如何能够满足并支持他们的基本定见？如果受众认为美好生活是缓慢的、有思考的时间，那么，设计师必须满足这一需求,在产品或概念中注入受众能够轻易解读的生成时间,或为它们附加一些明确标示着"慢生活"之类的语言信息。开一家专注慢食、明确倡导"沉思空间"的小餐馆也是满足这类需求的方案之一。

在强化舒适感这一范畴中,应尽可能地减少阐释的空间。产品必须具备高度的清晰性;附加意义应当一目了然。也就是说,必须让受众心满意足地感到"所见即所得"。因此,在谈论强化舒适感的审美体验时,透明性是一个相关的概念。透明性不是就其物理意义而言的,在即时回馈范畴中情形也是如此,在这一范畴中,透明性意味着,产品内在地包含了使用说明,用户上手使用时便可读懂这些说明。对于强化舒适感的审美体验来说,透明性是基于受众的思想和想象,通过清晰的信号、明白晓畅的信息和易于理解的语言或视觉说明表现出来。受众必须或多或少能够立即解读出产品的附加意义。因此,在强化舒适感的审美体验中,不应有任何迷惑性的符号或模棱两可的信息。受众所能体会到的内涵不能"漂浮不定",需要快速锚定下来;解读时间也必须是短暂的。在产品的功能、用途和象征意义上，受众不应有任何困惑。为受众锚定内涵的有效方式之一是，使用各种语言信息，如产品名称、写在价签上的产品描述、随附的小册子或其他种类的补充词。设计师还可以尝试视觉性的锚定方式，例如，可以将不同的视觉元素组合在一起，它们中的每一个都能限定其他元素的意义。[14]

为了能够以最恰当的方式为受众锚定内涵，设计过程中必须包含一个用以解释受众内涵框架的步骤。内涵框架是一个人的参照系统，它显示了该个体所持的内在信念或阐释方式。它在很大程度上受到社会的观点交流和文化纽带的影响，因此是在个体经验的基础上形成的。当设计师明确了受众面对设计产品或概念时脑海中可能出现的所有内涵后，他必须确定它们之中哪些是合适的或想要的，哪些是完全不适当的。不恰当的那些应当被消除，与此同时，恰当的那些则应当被固定或锚定下来，在强化舒适感的审美体验的语境下，这意味着，它们需要被锚定在熟悉、舒适、安全的领域中。受众应当体会到愉快的感觉，而这是熟悉之物的快感的主要特征。

为了对强化舒适感这一范畴的主要特征进行总结,并在它之上增添几个额外的维度和具体的例子,以详细说明这些特征,我将在本节的结束部分介绍一些准则,供设计师们拓展受众舒适区时使用:

致力于创造出能够唤起家一般的感觉的产品,从而使受众感到安全和自在。将这一联想内容整合到美学策略中,深入透彻地理解受众至关重要。有鉴于此,设计师们必须明白,什么东西触发了受众关于家的联想。是类似于手写笔迹的字体还是类似于宝丽来风格的照片唤起了家的感觉?或者说,受众的"自在感"与行走在路上和在运转中的感觉有关,比如说,与行李箱、机场和外卖食品等相关?深入了解目标受众的阐释框架后,设计师便可以在产品中容纳一些关于家的联想内容,这或许有助于在受众和产品间建立直接的联系。

创造便于解读、清晰易懂的产品,以展现透明度。比如说,设计师可以通过整合、支撑人们关于"美好生活"的流行看法以实现这一点。

通过运用可持续性原则（类似于斯里兰卡项目[15]），为产品注入审美可持续价值，并融入一些与此相关的故事，作为价值创造的元素之一。或者，设计师也可以创建一些关于可持续性的信条[16]，如本地生产、使用可回收的或有机的材料，或最大化地减少洗涤的指示说明等，并将这些内容转化为品牌故事。对于广大消费者来说，知道他们购买或使用的产品是为保护环境和（或）改善人类条件而设计的时候，他们可能会体会到强化的舒适感。

如果设计师想要运用强化舒适感这一范畴，将它作为审美策略的构成元素之一，那么，大体而言，他们应当尽量消除歧义；产品必须易于理解和使用，它所承载的故事和价值也应该是平易近人、清晰易懂的。

突破舒适区：创造不可预测性

解读标志模糊且复杂的物品或概念很费时间，在这一时间段内，人们能够体会到愉悦的痛感。突破舒适区的审美体验是对物品或概念感到惊叹的体验。或者可以这么说,这一体验的主要特征是,由于突然面对一个既迷人又近乎令人嫌恶的物品或概念时,观者或多或少被暴力地从他的舒适区中拉离出来。强化舒适感的审美体验能够支持受众的基本定见,与此相反,在突破舒适区的体验中,最基本的是受众的基本定见受到扰乱和质疑,或者甚至被改变了。

如审美策略模型所示,扰乱舒适区的审美体验与净化体验存在相似之处。亚里士多德在《诗学》中讨论过净化体验[17],在这一体验中,人们会经历一些可以说是不愉快的情绪——失去、单相思、嫉妒、愤怒、沮丧等,但是体验主体是以审美化的方式经历这一切。例如,在观看戏剧表演时,观众体察到角色们的困境和痛苦,并因此被故事的美感和主题所"裹挟"。但是,这些负向体验是以"可消化"的方式呈现给观众的,即使他们依然会被戏剧打动并因此产生强烈的情绪与感受,观众也能吸收、处理这些情绪,从而"安全地"承受之。同样,那些能够给予受众以突破舒适区之体验的设计产品或概念也会迫使心灵和想象力超时工作,放大由此产生的情绪。如此一来,一种近乎不适、但又独有妙趣的审美体验就产生了。这一审美体验,由于在愉快和不愉快之间辩证运动,也就具有了突破限制、开阔视野的潜能。

当设计师试图延长设计产品的解读时间时——这是两个浅灰色的基于解读的挑战性范畴(突破舒适区和脱颖而出[18])的主要内容——他需要达成的目标是,产品的审美体验留下持久的印象。这种印象通常源自对混乱的体验。但是,至关重要的一点是,突破舒适区的体验也包含理解的成分,或者说包含"哦,我现在明白了"的体验。换言之,受众必须被抛入深渊,并体验随之而来的混乱,但在下一阶段混乱必须终止。混乱体验的持续时间可以或多或少地延长,但为了确保审美体验整体上的愉悦性,混乱的最终停止至关重要。因此,我需要再次强调,在设计过程中制定美学策略时,设计师必须具备深入透彻的受众知识。他需要知道,混乱之体验的界限在哪里,或者更确切地说,他需要将混乱体验推展到何种程度才能打动有关受众。如果目标受众早已习惯了每天观览种类繁多的事物,那么可能需要很高程度的混乱才能将受众暂时推离正常的轨道；而相比之下，可能只需要一些模糊的符号和含混的信息就能影响那些不太被这些事物干扰的受众。

如果设计师将美学策略的基调定为突破舒适区，那么，他可以整合运用以下一种或多种元素：

出乎意料、不可预知的事物，或"某事正在发生"的体验（利奥塔，1991:100）。在当前语境中，这可能涉及一些让人惊讶的元素，比如，晦涩或含混的语义信息；例如，与产品不直接适配的标题，它们有意创造含混，从而延长解读时间。

"玩弄"受众的内涵框架。如果在进行了初步的目标群体调查后，设计师发现，他所瞄准的细分人群通常将地位和奢华与"传统"的地位象征符号联系起来，如贵金属制成的珠宝和古典的斯堪的纳维亚家具等，那么设计师可以通过解构经典的家具样式，将其材料循环利用到新的产品中（并将这一过程中的故事作为相应的叙事），或者通过使用二次回收的材料制作珠宝，以颠覆这些内涵。

一大堆零散的故事，它们从各个不同的方面传达着设计师希望传递给受众的情绪，创造出一种近乎超现实的内涵。要做到这一点，设计师可以拼贴叙事碎片，无论是视觉的还是文字的，它们之间没有直接的联系，看起来就像是朝向梦境的偶然一瞥。故事拼贴通常会导致解读时间的延长；受众在很长一段时间内都处于疑惑状态，一旦最终达到理解，他们将会感到欢欣舒畅。

　　整合利用那些在目标群体所属的文化中被视为禁忌的主题或设计产品中通常不会涉及的主题，如畸形、身体残疾、肥胖、年老或衰败等。对这些主题进行审美化和概念化时，设计师需要做的是，迫使受众面对它们。设计师们甚至可以通过柔和或隐蔽的方式展现这一主题，使得受众能够在一段延长了的解读时间之后，突然领会其中的概念，并为之撼动。通过"欺骗"受众，使他们首先被物品的表现方式、形状、颜色和材料组合所俘获，然后突然意识到快速吸引人的物品的主题实际上非常令人惊讶、出乎预料。此时，净化体验中的那种辩证运动即将发生。受众既被吸引又被排斥。这类体验具有突破舒适区和拓宽视野的潜力。通常来说，对讨人喜欢和惹人厌恶的东西进行预设会受到很大的限制。或许畸形、扭曲、衰老、皱纹和腐烂之中也自有美感，只不过由于西方文化对青春的痴迷而被忽视了。也许被忽视的扭曲之美中也蕴含着相当程度的审美可持续价值。

一般来说，突破或破坏受众的舒适区意味着延长混乱阶段，也就是崇高审美体验的第二阶段。[19]然而，必须强调的是，"强化舒适感与突破舒适区"这一整体范畴应当被视作一个连续的坐标系，在设计策略的制定过程中，设计师可以将他的产品或概念放置其中。设计师可以选择靠近中心的位置，并因此将两侧的元素都囊括其中。但是，正如前面关于即时回馈与即时存在部分所讲过的那样，制定设计策略很重要，这意味着，即使产品或概念的位置接近坐标轴的中间位置，设计师也必须确定他是要创造一个更偏向于强化舒适感的审美体验还是更偏向于突破舒适区的体验。在图4中，混乱阶段被极大地延长了；在这个策略点上，受众必须感受到震撼，并尽可能长时间地停留在不确定、混乱的状态。

强化舒适感

突破舒适区

图4　强化舒适感vs突破舒适区

强化范式vs背离范式

在审美策略的制定过程中,如果设计师选择运用强化范式或背离范式这一范畴,那么努力适应、支持或挑战、质疑受众的习惯是重点。在这一审美对立项中,需要指出的是,得到强化或遭到挑战的是受众的身体习惯,例如,人类身体与物品或空间的互动及其感官反应之类的日常习惯。强化范式和背离范式关乎人们的日常生活以及日常生活中的全部物品。此外,这两个范畴也关系到我们在公共和私人空间中的日常行踪和活动。这意味着,这两个类别在产品和空间设计方面特别有用处。

前文所述的一般性审美准则[20]主要基于这一事实,即人类尽管存在差异,但生理结构非常相似。我们都有耳朵、鼻子、嘴巴、眼睛以及两条胳膊和两条腿，成年人的身高也大致相同，并且，我们感官的运作方式也大体相同。因此，尽管我们的价值观念和文化存在差异，但仍有可能建立指导方针，以明确感官如何感知、"消化"形状、颜色和材料，以及什么才是公认的最为均衡、最易于理解的先验（也即产生于阐释和附加价值之前）的表现形式。举例来说，有些颜色看起来很温暖（红-紫-橙色），而另一些颜色则让我们感觉寒冷（蓝-绿色）。[21]同样地，人们在某些形状和构图方式中体验到安静、和谐或平衡，而另一些形状和构图方式则显现出动态、不和谐或不平衡。[22]某些物品仅凭自身的形状就能够引导观者以特定的方式使用它们或在他们身上激发出某种行为方式。可以说，这些指令是内在、固有的，因而也无须依赖语言。其他物品在使用前则需要详细的说明。因此，强化范式的物品的设计本身就能够导向物品最自然而然的使用方式，此外，它通常也会使用那些对人类感官系统而言最具直接吸引力的色彩组合和形状。与此相反的是，背离范式的物品则会特意迷惑用户，延长他掌握物品使用方式的时间。

同理，在某些城市空间以及其他公共或私人空间的推动下，人们会做出习惯性的动作或表现出一致的行为方式，而其他的空间则会特意挑战用户的习惯和惯例。某些空间以柔和的形状和温暖的色调营造舒适和放松的感觉，而另一些空间则通过使用冷色调和流线型的形式来控制活动和效率。

类似地，物品可以内在地发出指令，引导人们以预期中的方式使用该物品。举个简单的例子，一些座椅家具会邀请人们坐下、放松自己，让缓慢性自然而然发生，而其他家具则意在告诉人们，这个房间不宜久留（这对于候车室和中转大厅而言很有用）。同样地，灯光可以引发特定的行为；柔和而温暖的灯光通常标志着"宁静与团聚"，而强烈、清晰的灯光则会让人联想到效率和"把事情做完"。

物体和空间可以依据它们的形状、颜色和/或材料强化特定的行为和习惯，就如同它们可以唤起人们的回忆一般。从这一点来看，物品可以内在地发出"指令"。设计师们可以在物品和空间中融入物理和感官品质，以激发某些特定的行为或动作（强化范式），或者也可以有意识地挑战甚至改变用户的常规行为方式（背离范式）。

强化范式：培养习惯

强化范式的审美体验应当让受众感到，他们的日常礼仪和习惯得到了强化，或者甚至说优化。在这一范畴中，物品和日常环境的惯用方式是聚焦点，它们能够满足或契合受众的身体期待。强化范式的物品勾起了近乎"催眠性"的行为；它们必须强化用户的习惯、节奏和日常活动。因此，设计应当与日常生活相调适，并契合用户与物理世界及其物品之间最自然的交互。

在强化范式的设计体验中，日常的惯例和活动得到了巩固。因此，创造出与受众的日常空间、节奏相契合的产品是将强化范式这一范畴整合到设计策略中的一种显而易见的方式。遵照强化范式这一范畴所设计或布置的公共或私人空间应当为人们最自然的行进方式提供便利。同样地，为巩固范式而设计的产品应当具备最简单的使用方式，能促进人与物的自然交互。总体而言，强化范式的设计体验给人的感觉就像是,有人将手轻轻地放在你的肩上,为你引导方向,并以一种低调而舒适的方式帮助你完成日常的琐事。

在运用强化范式这一范畴时,设计师可以有效地利用传统材料或与他正在"塑造"的形状相"匹配"的材料。这意味着,如果他正在制作沙发,那么,他应该使用传统的沙发材料来装饰它,例如,羊毛、帆布或皮革等;如果他在设计服装,那么他必须努力满足受众的触觉期望,即衣服通常很柔软,可以包裹住身体的轮廓,这时,他最好不要尝试通过使用二次回收的塑料或木板条等材料制造"僵硬感"。在强化范式这一范畴中,相较于它所要被塑成的形状而言,材料必须惯性最小。[23]给定某一产品时,材料的选择是显而易见的,而且它也必须满足受众关于这一产品类别通常会使用何种材料的预判,与受众的过往经验和内涵框架保持一致。

除了巩固范式和最小惯性之外,直觉性的使用也是一个重要的强化范式元素。模仿普通纸质书的电子阅读平板是一个很好的例子。由于与纸质书类似,它使用起来很方便,用户能够凭直觉用双手与这一物品互动。

就像阅读传统纸质书一样，用户很快就能掌握翻页的技巧。因此，当数字媒介（例如，平板电脑）创造出了类似传统纸质书的感觉时，它是在与受众的双手而非头脑"交流"，从而在客体和主体之间创造了感官上的联系。此外，这是一个有关"两全其美"的有趣例子，因为它优化了习惯与范式：没有什么比浏览传统书籍更好的了，只有少数人愿意完全放弃阅读纸质书的感官体验，转而阅读电子书。然而，传统书籍最糟糕的一点是，它们占用了太多空间，尤其是当人们想在旅途中随身携带许多有趣的阅读书目时。在平板电脑上，人们可以下载数千本书，甚至可以按照类似实体书架的方式将它们整理起来。

上述的产品设计方式可以很便宜地运用到其他的产品类别中。重要的是，产品为最自然、实际的感官交互和使用方式提供了便利；它满足了用户的期望；让他的生活变得更加轻松。在上面的平板电脑示例中，触觉错觉并不是为了迷惑受众并故意延长解读时间（就像突破舒适区的审美体验中的情况一样），而是为了在产品和受众之间建立直观、即时的联系。最重要的是，触摸和探索是用户的自然行为习惯。

与美学策略的其他对立项一样，强化范式与背离范式也应当被看作是一条连续的坐标系，设计师根据自己的设计策略在上面选定一个位置。图5标出了一个落在强化范式范畴内，并稍稍偏向背离范式的设计体验点。因此，它蕴含了某种程度的更新。与即时回馈这一范畴类似，在运用强化范式这一审美范畴时，设计师不能直接沿用现存的产品设计方式，来满足用户对强化范式之产品的需求。实际的做法应该是，对一个能够满足受众日常生活需要、为其提供愉悦体验的产品设计定式进行试验，同时保留该定式有趣、能激发审美愉悦的特质。换句话说，设计师应当努力提升产品的表现力或美学价值。

强化范式

背离范式

图5　强化范式vs背离范式

如果设计师希望在其美学策略拼图中运用强化范式的方法，那么他可以尝试如下方式：

支持甚至是优化受众的日常杂务和活动路径。对强化范式的审美体验的需要是相当情境化的；我们都负担着需要每天进行且最好能轻松完成的日常任务。在运用强化范式范畴时，设计师应当努力使个体的生活尽可能舒适、轻松，以证明他理解受众的情境需求。功能性的、易于使用、美观且触感好的产品是实现方式之一。

做出最小的改变，保留熟悉、可辨识的特点，从而优化物品基于外观的审美可持续性，延长其寿命期限。一般来说，杯子应该看起来像杯子，并给人以杯子的触感。外套应该与传统的外套相似，从而满足受众对于外套外观的期待，但与此同时，设计师也可以美化细节，或使用和谐的颜色、材料组合来提升美观程度。

参考受众喜爱、熟悉的物品，并尽可能兼顾两个产品类别的优点，以使用户的生活更加轻松，同时为其提供美学滋养，如同上述平板电脑示例中所显示的那样。

置入内在的指令。最简单的例子是一副手套，通过观察物品的设计或形状,用户即可明白它的使用方式;五个手指好像在说"把你的手指放到这里"。同样地,对于空间而言,只需让其形状或其中的物品和家具显示出特定的用途,或为用户领路,即可"告诉"用户该做什么,或者他应该如何在这一空间中走动。

迎合用户习惯,同时为习惯的养成预留空间。习惯被迎合的体验会带来高度的满足感。例如,如果你喜欢用双手环托杯子喝热茶,那么,没有把手的杯子便能满足这一习惯,因此,很容易为用户所理解,尽管它稍稍背离了传统杯子的形状。

为公共空间中最为常见的活动提供支持,如此一来,去医院探访、参加市政会议或参观动物园等活动便可以顺畅进行,给人以愉悦的体验。引导标志的设计有助于这一点的实现。一般来说,公共场所的行进路线应该简单明了;如果不这样,人们很容易感到沮丧懊恼。通过置入实体的指示物,引导方向,消解疑惑,强化范式这一范畴与身体性的审美体验发生了联系。这是巩固范式、以温和的方式为受众引路的有效方式。指示物可以是颠簸的地板,它引导着受众的脚朝正确的方向走去；或者，也可以用微弱或强烈的灯光做指示，它会告诉人们他是否正在朝着对的方向前进。为人们引路的方式有很多种。传统的标志通常借助文字和象形符号。使用其他更贴近感官的方式的好处是，设计师可以避免由于受众不理解该语言或无法正确解读图画而造成的文化错乱。强化范式范畴是为设计出对于所有人而言都简单易懂的产品奠定基础的审美策略之一。

一般来说，设计师在美学策略中运用强化范式这一范畴时，他应该强化甚至优化受众的日常行为和习惯，让他感觉到，产品或空间非常"了解"他，懂得他的需要和喜好，并能为他的日常生活提供支持。

背离范式：破除习惯

为受众提供背离范式的审美体验时，设计师需要激发受众、挑战他的习惯和惯例，或者质疑他按照现有的方式行事的合理性。也许设计师会故意让产品"难用"，或者使用非常规的材料或出乎预料的细节，以

"迫使"受众在日常生活的活动中停顿片刻。凭借自身的表现方式,背离范式的产品质疑、改变和(或)破除了习惯和惯例。因此,背离范式这一范畴与陌生之物的愉悦感相关。如前所述,陌生之物的愉悦感是一种"恼人"的审美快感,因为人们不能立即理解或获取舒适感。[24]它挑战、质疑熟悉的东西,并有力地拓展了受众的思想,但正是在这一点上蕴藏着它的力量。

我能想到的最背离范式的经历之一是,穿梭在一个从未去过的国家,它的文化与本国文化有着根本性的差异。在旅程的第一天当中,不同寻常的字母组合方式(这使标志失去了作用)、陌生的声音和气味以及大量的奇特物品和产品可能会让人感到难以忍受。当你无法在超市里找到最基本的东西,或者不知道如何在酒店房间里使用淋浴器时——因为它不像"正常"的淋浴器那样工作,你不得不停下来,有意识地去处理手中的每一件小事。任何事情都不能毫不费力地完成。也就是说,这种背离范式的体验完全无法给人以自在、舒适感。背离范式的东西处在自在感的对立面上。但是,在这一对立位置上,它也能给人以特殊的乐趣:尽管不方便、烦人，且最重要的是，具有挑战性，因为人们无法找到方向，甚至不能使用最常见的物品。但是，当被迫应对上述超市、淋浴等挑战性情境时（无论如何，这些情况并不危及生命），人们也能体会到兴奋和愉悦。背离范式这一范畴隐含着一定程度的混乱——但不是持续、压倒性的混乱。

但是，设计师如何赋予设计产品陌生感，使之激发出完全超出个人深度的物理体验呢？如前所述，背离范式范畴与强化范式一样，与受众对有形世界的感官体验相关，因此，它关注的是受众与（日常）物品的物理、感官交互以及他在（日常）空间中的行踪。如果设计师想要在产品中注入陌生感，以吸引受众的感官，那么，他需要挑战受众对有形世界的身体和感官期待，扰乱他的范式或惯例。设计师应该努力对受众认为的理所应当的事物提出疑问。要做到这一点，设计过程的一个重要部分应该是颠覆那些通常与该产品类别相联系的基本感官定见。其中牵涉的事情相当广泛，既可以是扰乱人们坐、卧或穿外套的惯常方式，也可以是对外套是什么这一问题进行批判性的思考，或考量桌子的感官品质如何能够为用户提供持续的审美滋养。背离范式范畴的目的是，为受众提供陌生之物的感官愉悦感之类的审美体验。

背离范式或许需要人们向行业的运作方式发起挑战。这可以体现在对以SS（春夏）和AW（秋冬）系列为代表的时尚行业的系列周期的背离中。创造美学上可持续的服装是对抗时装业人为制造的不断购买新衣服、以取代毫无磨损痕迹的旧衣服的需求的一种方式。在服饰中融入多功能性的元素，这意味着，这些衣服可以在春夏秋冬各个季节反复使用，或者通过设计美观耐用的服装，设计师们便可以朝着打破主流的系列周期的方向迈出一步，同时挑战受众的消费模式。[25]

因此，设计师如果要背离范式或运用背离范式的元素时，他或许需要背离主流的用之即弃文化。鼓励受众照顾好自己的物品并在必要时进行维修，如此一来，设计师便可以"迫使"受众远离快速变化的主流消费节奏。如我们在斯里兰卡项目[26]中所做的那样，在设计产品中融入传统工艺，设计师就可以提升产品的感官和智性美学价值。在这种附加价值的"推动"下，消费者便能更好地呵护产品。因此，在产品和受众之间建立情感和审美纽带是设计师在审美策略中运用背离范式范畴的方式之一。

基于此，服装设计师可以通过呼吁受众尽量少洗衣服，甚至完全不洗某些衣服，来激励他们改变消费习惯。这可以通过使用既不能也不应清洗的材料来达成，也可以通过创造这一类的服饰来实现：它们在被使用一段时间之后，才会"呈现出自身的个性"[27]，或者是在几天或几周的密集使用后，它们穿着起来才会更加吸引人。

如果设计师在审美策略中运用背离范式范畴，他通常应该尽力为受众提供令人愉悦的"不寻常"体验。这可以通过以下一种或多种方式实现：

努力让人们重新审视人类是"习惯性生物"这一概念，或者进一步戏仿人们对各类事物的通常状态和外观的喜好。这可以通过有意使日常生活复杂化、制造具体的现实障碍而实现。如此一来，受众便会"被迫"停下来，质疑习惯行为的优势和好处，甚至可能会改变习惯。

更改熟悉的日常物品的形状或材料,以挑战受众的身体习惯,从而将他们从重复的日常程序中唤醒,迫使他们重新思考它们是否真的有益。

遵循侘寂[28]美学原理,设计"不完美"的物品。这一目标内在地挑战了美的传统观念。在这个过程中,设计师对当前消费模式提出了疑问。他们可以通过设计产品向受众引介一种截然不同的美学观念,并在这一过程中挑战人们关于衰败的普遍看法。

打破文化模式和习惯,比如,"用之即弃"文化或过度清洗衣服的倾向,这可以通过创造不应该经常清洗或者根本不能清洗的衣服实现。请注意,我指的不是需要干洗或轻柔手洗的衣服,而是在频繁的使用或日常的穿着中变得更加好看和有趣的衣服(也许是因为使用的过程"完善"了它们),它们能够因此与用户建立亲密的联系。这样的服装与使用者合而为一,并在磨损的过程中呈现出自身的特征。

总体而言,背离范式涉及习惯和惯例的挑战与改变。在经历了背离范式的设计体验之后，受众将在接下来的生活中重新审视他既往的行为方式，甚至可能想要改变某些习惯，并引入新的、更有趣的日常习惯，或更具持久性的行事方式。背离范式意味着通过设计创造新的机会。

融入环境vs脱颖而出

融入环境与脱颖而出是一对基于解读的对立项，这既包括受众或用户对产品的解读，也包括他对自身所处的网络或与之相交流的人群的解读。这两个审美范畴围绕着人类的认同感展开；他想要融入哪个群体，或他想与周围的哪些人明显区分开来。融入环境与脱颖而出范畴利用了人类向同伴展示身份和情绪的欲望与需要，无论这关乎"藏形匿影"、融入环境，或是在人群中脱颖而出。身份认同感相关的审美价值是这一部分的焦点。

致力于创造出能够契合或彰显受众或用户身份的产品的前提是，确定受众想要契合或彰显的是什么。因此，对受众的背景（包括时代精神）进行分析是设计师在审美策略中加入融入环境范畴或脱颖而出范畴的必要基础。

融入环境：用舒适的伪装包裹自我

"美感有助于共同体的形成。在特定事物所激发的乐趣中，具有相同品位的人会感到团结一致。"（博默，2010:27）我在本节开头引用博默的这句话，是因为它在很大程度上体现了适应、融入环境的愉悦审美体验。当人们发现，个人喜好将他与一群人联系起来，并因此引领他找到志同道合者的时候，他能体验到极大程度的舒适感。就像博默的话所表明的那样，这种感觉中包含着强烈的共同感。

尽管在对可持续美学的阐释中，我试图规避"品位"和个人偏好的影响，以为产品的审美愉悦性和持久性确立普适性的评价标准，但是，完全规避那些能够影响个体喜好的品位偏好和潮流风尚是很难做到的。不过这也许是一个重要的点。或许设计师不应该完全将口味偏好排除在外，或否认它的有效性。如前所述[29]，法国诗人和哲学家波德莱尔认为，美之中既有"永恒、不变的元素"，也有"相对的、环境性的元素"，后者受制于外部环境的影响（波德莱尔，1964:3）。在波德莱尔看来，艺术品中应该包含永恒或持久性的元素，但它也必须突显世界的无常与多变，以便受众能够体会它的重要性以及与自己的相关性。这一观点可以较好地转译至物品的设计中。从波德莱尔的论点来看，人们认为有感染力、吸引人、有趣、美丽且与自身相关的物品中也许兼具永恒与易逝的东西。或者，也许它之中既包含独立于时间与空间的元素，不受其影响，能在未来的岁月中持续保有吸引力和相关性，但同时也包含因易变、新颖而吸引人的元素。

在融入环境范畴中，多变性，或者说，与时代流行现象相关的元素应当相对突出，它们展示出了当时最为普遍的品位偏好。这意味着，在获取了物品之后，受众就能与时代精神面貌相融合。

美学策略的所有范畴都以美学可持续性为聚焦点，可以说，它们是设计师努力创造出凭美学品质而获得持久性的产品的一些途径。有鉴于此，需要强调的是，在运用融入环境范畴时，尽管它依托当下时代的流行品位与偏好，意在定格当代的美，设计师仍应努力创造出能够为受众提供长达数年的审美滋养的表现方式。因此，设计师应该努力创造一个可持续的美学核心，在融入环境这一范畴下，这意味着遵循普遍性审美准则[30]，因为这一范畴基本上奠定了尽量消除"噪"与挑战的基调。与此同时，设计师也要借鉴当代、惯常的口味偏好。因此，融入环境范畴的运用牵涉到持久性与易变性之间的辩证运动。

绝大多数人都需要他人的认可。这解释了为什么具有相似品位的人会在社交媒体上抱团，非常确信地告诉对方，如，以简单的图形图案和某几种强烈的色彩进行点缀的极简主义室内设计显示了好的风格品位，或者，以"独一无二"的方式融合回收材料和新产品是装饰房屋的正确方式。融入环境范畴下的产品大体上能够满足人们对于认可和认同的需要。

上文提到过，在运用融入环境和脱颖而出范畴时，时代精神分析至关重要。如前所述[31]，通过时代精神分析，人们可以深入洞彻当下时代的基本、潜在定见以及那些反映了这些定见的人工制品。沙因的文化分析模型值得推荐，可以用作时代精神分析的模板。运用沙因模型的时候，首先，在人工制品层次上，设计师首先需要找出目标细分群体认为有吸引力、美丽和/或能够彰显身份的物品或人工制品；其次，深入理解该细分人群所信奉的价值观；最后，进行分析，以了解决定目标人群偏好的基本定见。而这些偏好基本上应该得到满足。

将融入环境作为藏形匿影的一种方式时，依据这一范畴所设计的物品的外观仍然可以很跳脱、炫目（字面意义和比喻意义上均是如此），这取决于物品所处的环境：麻雀可以与丹麦的乡村环境融为一体，而五颜六色的鹦鹉则能在热带雨林中藏形匿影。换句话说，融入环境意味着适应周围环境，或与之融为一体。因此，融入环境范畴下的物品的外观不一定是中性和极简主义的，尽管这一范畴的名称可能会使人产生这样的联想。

将融入环境用作审美策略的构成元素时，设计师主要是为了满足受众藏形匿影、避免引人注目的需要。大多数人都有过这种感受，有时不想惹人注目，只想舒适地融入或隐身在环境中。某些人比其他人更渴望融入环境。因此，融入环境的需要可能是情境性的，但它也取决于特定的受众类型，有些受众通过采用"中间立场"而感到愉悦。

以下是运用融入环境范畴时的一些指导建议，以对上述内容做进一步的补充：

努力沟通恒久性与易逝性，这可以通过如下方式实现：如，设计产品时，核心部分遵循普遍性的审美准则（使用和谐的色彩或对称、平衡的设计语言等），并辅之以可变，因而也更趋近潮流风尚的产品部件。沿着这个思路，比如说，可以设计出兼具持久的核心和多个可更换部件的模块化服装，这些部件可以经常或季节性地更新，从而与"时代潮流"保持一致。或者也有可能生产出外观中性的家具，它们可以在多种环境中使用，轻松融入其中，但与此同时，它们也有一些遵循当下流行风格的可替换部件，使用者因此也能收获"同好之人"的赞许目光。或者它也可以是一件特大号服装，由于质量耐久（核心部分耐用持久），这件衣服可以穿着多年，并且可以根据时尚的要求，如明确的腰线，清晰、女性化的线条或宽松的长袍、中性化的指涉等做出相应的调整。

采用低调、谨慎、优雅的表现方式。融入环境的产品并不"扎眼";它们通常能够为用户打造不显眼但很秀美的外表。这样的产品可以是一件合身的服装,可以完美地突出穿着者的身材,从而使他在得体、低调、不引起过分注意的穿着中体验舒适、自信的感觉。

创造不同产品元素之间的融合。举例来说,这可以是一件以伊顿描述的饱和度对比(伊顿,1997:282-298)为特征的产品。饱和度对比的特点是,产品的单一颜色基调被白色或黑色"打断",从而制造出同色调的色阶。当设计师使用这种颜色对比时,受众可以体验到,产品的不同元素相互结合或融合。因此,这是一种在设计物内部,而不是在物品与周围环境之间创造融合的方式。

藏形匿影是融入环境这一审美体验的重要组成部分。隐蔽起来,融入周围环境,以及加入志同道合者组成的群体,或成为氛围良好、深感认同的社会环境中的一员,都能让人感到愉悦。设计师可以通过几种不同的方式实现藏形匿影。在产品的草创或造型阶段,设计师可以建立产品与周围环境间的融合,以突出产品低调的优雅,并确定它的从属关系或参考框架。在实现藏形匿影的时候,设计师也可以诉诸受众的归属感需求,他们渴望顺应常规,符合大众化的外观。因此,在这种情况下,藏形匿影通常与归属感和凝聚力有关。

脱颖而出:在目光的注视下

如果设计师将脱颖而出范畴作为审美策略的构成元素之一,那么基本而言,他需要努力打破社会常规,或一切被认作平常和普通的东西,逆潮流而行。脱颖而出是一个引人注目、具有挑战性和原创性的审美范畴。

通常而言,对脱颖而出的产品感兴趣的受众迫切需要退出某一群体,并展示出他的退出行为。融入环境和脱颖而出范畴都与受众对产品的解读有关,因此也就与产品所承载的符号价值有关,也与受众身边的人对该产品的反应有关。这对对立项关注的是受众的认同感以及他表达自我、彰显他所代表的价值的需要。

就脱颖而出的体验而言，对认可和肯定的需要同样占据主导地位，尽管其方式与融入环境体验不同。在后一种情况中，个体通过做出购买决定融入环境、展示出他"融于当下"的意愿，以寻求认可。以从人群中脱颖而出为目标的受众类型力求通过大胆创新而获得认可。对他来说，脱颖而出是备受敬重的行为。

若要脱颖而出，在其他人穿着黑色、灰色或柔和、平衡的颜色的时候，人们可以借助强烈的颜色和非常规的色彩组合。或者也可以只穿着黑色和白色，只要这在当时的情况下并不常见。换句话说，从人群中脱颖而出、挑战"常规"的意蕴完全取决于语境。有鉴于此，设计师需要深入了解他的受众的人口分布和他们的日常行迹、社会环境以及内涵框架，这一点至关重要。

为了与人群或时代区分开来，人们往往需要与那些通常被认作最为吸引人的"外观形式"背道而驰，因此这里可能会涉及"丑陋的美学"。如果你敢于"扮丑"，例如，在人们通常追求穿着"整洁"、好看的环境或文化中，借鉴衰败、磨损、变形的形式或偏离常规的颜色、图案、材料组合方式，那么，毫无疑问，你将会背离众多惯例，从而与社会规范保持一定的距离。

尽管我在前文强调了语境的重要性，脱颖而出在字面和比喻层面上都有"夸饰"之意。这一范畴内在地鼓励人们张扬个性、背离常规。即使在其他人都盛装打扮的环境中，你可以通过极简、中性的穿着方式轻易地脱颖而出，但脱颖而出这一审美范畴的名称本身就透露出了跳脱、夸张、狂野、大胆的意味。因此，如果要在自己的审美策略中实践脱颖而出，设计师就应该诉诸受众吸引他人目光、因勇于标新立异而获取关注和赞许的需要。

设计师可以将脱颖而出与"逆潮流"或"反潮流"这两个词语联系起来。这意味着，与个体所处的社会和文化背景中的惯习相对立。脱颖而出体验的乐趣在于，与"常规"背道而驰，有时甚至是为反常规而反常规。在受众类型中，有一些激进者，他们故意标新立异，以显示出对"标准"和"常规"的反叛。

与其他三组审美对立项一样，融入环境和脱颖而出的范围也应被视为一个连续的坐标系。在图6中，产品被置于脱颖而出的范畴中，但距离融入环境那一端不远。

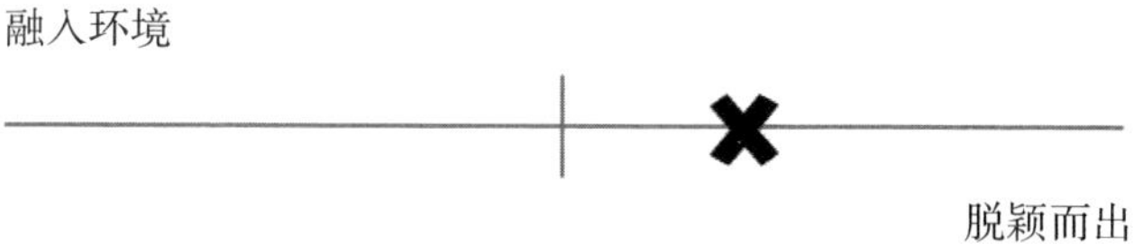

融入环境

脱颖而出

图6 融入环境vs脱颖而出

这可能意味着,通过背离穿着得体的文化意蕴(一般情况下指的是"熨烫整洁""完美无瑕")等方式,让产品明显地显示出对社会习俗的反叛。产品可以模拟衰败的痕迹,或(遵循侘寂美学[32])鼓励频繁的使用。与此同时,如果时尚"划定"了女性气质和男性气质之间的明显区别,那么,该产品也可以通过利用中性化的元素,以此与主流趋势形成对比。图6刻度表上"X"点的位置(比较接近中间)也表明,该产品的表现方式应该保留一定程度的熟悉与和谐。因此,通过佩戴或使用该产品,用户可以倏忽展现与某一细分市场的联系,或者可以被视作正在上升的消费趋势中的先行者。

如果设计师将脱颖而出范畴纳入审美策略,他可以借鉴以下一个或多个要素：

　　塑造独特性或绝无仅有般的效果，这可以体现在外显的生成时间[33]中。突显设计过程以及产品背后的人工痕迹，使产品显得独特、醒目、无可替代。通常而言，将清晰的生成时间融入产品也能延长受众的解读时间。此外，与受众同处一个环境中的人的解读时间也被延长了，在脱颖而出范畴中，这是可取的，因为它关系到受众在人群中脱颖而出的需求。如果产品被认为是复杂、新颖或独特的，用户将会因为他的产品选择而欣然感到与众不同。在产品通常应该看起来精致、"已完成"的语境或环境中，设计过程清晰可见的产品尤其能够脱颖而出。

　　由符号的杂乱无章所造成的信息混乱。这可以通过将几个不同"领域"的符号采集在一起，或将通常分离的元素融合起来而实现。设计师也可以在突破舒适区范畴中制造信息的混乱，但脱颖而出范畴一般关注的是受众身边人而非受众/用户自身对产品的反馈。因此，对于受众而言，产品必须有趣、特别、醒目或具有挑战性,并且,在面对产品的时候,受众本人的解读也应该是复杂、多义的。但同样重要的是,受众的社会圈层也必须能够回应产品的符号信息,他们最好能够表现出一丝愤怒,或至少感受到一丝意外。

打破社会惯例和不成文规定,它们约束了人们的言行举止以及使用物品的方式、情境和目的。在这一原则的指导下,设计师可以创造出与良好或规范行为相冲突的产品。例如,在期望人们展现出效力和效率的社会环境中,创造一个有着休闲、随意、优雅意味的产品。或者,设计师也可以创造出与使用习惯相悖的产品,如像(紧身)裤子但却被做成围巾的服饰,或无法让人坐着的椅子,因此,后者应该被视作一件雕塑而非家具。

明确区分或定义产品的子元素。为了实现这一效果,设计师可以利用色彩面积对比原理(伊顿,1997:299-315),扩大视觉上"填充最多"的颜色的分布区域。这可以很自然地制造出引人注目的效果;人眼会自动追随视觉上最为"浓重"的颜色,如果这一颜色能够在更大的区域中占主导地位,而不是像伊顿所建议的,致力于和谐构图的创造,那么就会产生构图上的断裂。当遇到主色调的时候，受众的眼睛"被迫"停留在上面。在脱颖而出的范畴中，需要关注的不是产品的纯粹物理和感官品质，而是产品的象征和隐含意义。因此，在和谐的颜色比重中制造断裂以强调产品的细节是很有用的，尤其是突出那些能够凸显产品之革新性、能够引发争议的细节。例如，可以通过使用视觉上"浓重"的颜色，突出产品的生产过程痕迹，以凸显前文提到过的产品的生成时间。如果设计师正在制造与社会习俗间的断裂，那么他可以特意强调那些能够从视觉上展现这一断裂的细节。这样的视觉化手段是很有效的，因为，在脱颖而出范畴中，他人理解产品中的创新、激进元素并对其做出反应是非常重要的。毕竟，如果能够被注意到，脱颖而出将会更有趣。

通过借鉴异常、古怪的东西来挑战美的固有观念。在这一过程中，设计师可能会背离一般性的审美准则，观者的眼睛和想象力因而"被迫"高速运转起来。[34]然而，设计师也可以实践前文所述的"丑陋美学"，在衰败和磨损并不常见的语境或环境中反其道而行之。

结语：美学策略

当设计师在运用美学策略的时候，并不需要同时使用所有的范畴和对立项，同时在设计过程中很好地运用所有这四组对立项是非常罕见的。在考虑产品类别及其面向的细分人群时，设计师应慎重选择最能发挥作用的审美范畴。例如，这可能会导向一个囊括了即时回馈和强化舒适感范畴的个性化策略，以这两个审美范畴为基石，这一策略为创造出能够满足受众基本期待的产品奠定了基础。这类产品通常能够通过对称、均衡的颜色和材料组合营造温馨、舒适的氛围，让人易于探索、解读。

或者，设计师也可以选择将即时存在、背离范式和脱颖而出这几个范畴作为基本元素来构建设计策略，致力于创造出以复杂的设计形式、与类似产品不同的功能和非同寻常的符号组合为主要特征的产品审美体验。

或者你也可以搭建一个包含了突破舒适区和脱颖而出范畴的审美策略，将重点放在受众的阐释体验上，通过运用模棱两可的语言信息，来挑战社会的常规。在处理概念、体验等非实体的设计品时,尤其值得重点关注象征价值的创造,这是非常有意义的。

对于设计师来说,仅仅关注"深灰色"或"浅灰色"[35]这一栏的策略是可行的,以尽力满足受众的期待(深灰色栏的策略),或背离这些期待(浅灰色栏的策略)。尽管如此,设计师也可以将浅灰色栏和深灰色栏的策略结合起来使用,他可能最终并不会创造出一个令人费解的混合策略。如果设计师同时运用强化期待范畴(深灰色)和背离期待范畴(深灰色)的策略,其中的关键在于,这样做的目的并不是避免做出策略选择。如果在创造产品时同时运用深灰色和浅灰色栏中的元素是为了逃避决定,或是因为无法选择合适的范畴,那么设计出的产品可能会毫无吸引力和无关紧要。

在运用美学策略时,设计师必须勇于做出选择、搭建策略,以创造出切近、适合且吸引用户的"灵敏"产品。如果产品无法切近用户的经历,那么它也无法为其提供审美滋养。

可持续美学视域下的设计分析

创建审美策略模型的目的是,将受众的审美体验视为设计过程的重要组成部分,以供设计师使用。不过,策略模型也可用于设计分析。将模型应用于设计分析时,设计师需要依次完成沙因分析法[36]的步骤;他需要先观察、记录,然后深入思考,最后再分析所收集的数据(沙因,2004:25-37)。因此,若要运用美学策略模型进行设计分析,设计师需要将模型"颠倒过来"。也就是说,设计分析需要依次回顾以下几点:

1.首先观察、描述材料、形状和颜色,并记录产品所激发的联想内容。

2.考察那些可能推动设计师做出这些选择的价值观念。例如,设计师是在借鉴主流的趋势,还是意在创造外观耐久的产品?

3.确定产品主要是为受众提供感官体验,还是关注象征价值的创造。

4.分析可见、可闻、可感、可读的事物背后的基本定见。产品或概念是否意在突破受众的舒适区，以挑战他们的基本定见？（这样做的目的是什么？）潜在的意图是什么？并且，这些意图在产品中的表现程度如何？

可持续美学视域下的设计分析的一个重要方面是，阐明设计产品的审美、可持续价值，其中包括对产品表现方式之耐久性的评估。进行这一评估时，设计师需要分析产品是否可以为受众提供审美滋养。换句话说，该产品是否具有某类品质，当受众观看、抚触、使用它的时候能够持续获取愉悦，并因此愿意精心照顾这些产品，在必要的时候维修它们？相应地，设计师也可以通过分析确定产品是否运用了审美策略模型中的指导原则。例如，产品是否通过采用多种质感，从而诉诸受众的感官存在，以提供振奋人心的触觉体验？或者，产品是否致力于通过"引导"用户来优化他们的日常行为习惯？基于可持续性的设计分析需要揭示出产品表现形式的持久性和美学品质。

审美可持续性概念发展的下一步是，深入研究设计分析工作，并在这一过程中，搭建一个类似于审美策略的、可同时应用于物品和概念分析的分析模型。这是一个可供企业和设计师使用的模型,以确定当前设计策略的审美可持续程度,以及如何实施更具美学可持续性的举措。

在产品中创造可持续的审美价值,这是应对盲目消费和过度消费至关重要的一步。如果能够创造出更具美学可持续性的产品,那么我们就可以创立一种与"用之即弃"文化相抗衡的文化。

注释

1 见第五章《神奇之物》。
2 有关净化体验的详细描述,请参阅第二章中关于崇高的部分。在这一部分,净化与崇高的审美体验相关联,而崇高的审美体验则与特殊的愉悦之痛相关联。
3 有关探索和解读之间的区别的更多内容,请参阅第1章中的"易于解读的物品"部分。
4 见第六章《审美滋养》一节。
5 见第三章《衰败美学,慢美学》一节。
6 请参阅我在第一章的《优美》部分中对柏拉图关于美与善之间的相互联系的描述和分析。
7 惯性是威利·奥尔斯科夫提出的一个术语。它指的是,为制造特定的物品,某一材料在被塑造为某种形状时具有何种程度的"可控性"或可塑性。如果材料惯性很大,则难以操控,也就是说,必须先对它进行加工处理,然后才能压制成形。相反,具有最小惯性的材料可以轻易地适应物品的形状。更多有关惯性概念的描述,请参见第一章中《最小惯性体验》一节。
8 第四章《生成时间》部分对这一概念进行了详尽的描述。

9 请参阅第四章《设计时间之物》。
10 参照我对康德将崇高审美体验划分为三个阶段的描述：①面对起始现象（物品）；②难以理解或探索现象（物品）；③借助对象/物品的理性思考，帮助想象力理解它。见第二章《崇高的各个阶段》一节。
11 请参阅第五章的《倒置事物》一节。
12 见表2，美学策略模型。
13 参照第一章中关于《易于解读的产品》的部分。
14 请参阅第一章的《易于解读的产品》部分，以进一步了解对"内涵意义"和"锚定"这两个符号学术语的描述。
15 参照第六章《设计师社会责任：实例一则》一节。
16 信条是指设计师或公司为在产品开发中指明方向而发明的"规则"。
17 请参阅第二章中关于崇高的部分，在那部分内容中，我详细描述了净化体验。
18 见美学策略模型。
19 参照我在第二章中对康德将崇高审美体验分为三个阶段的具体解释。
20 见第一章《遵循普遍性审美准则》。
21 参照第一章《颜色的通用效应》一节。
22 详见第一章中《对于结构与均衡的需要》一节。
23 有关"惯性"一词的详细阐述，请参见第一章中的《最小惯性体验》一节。
24 见第二章《崇高的各个阶段》一节。
25 参照第三章《转瞬即逝的美》一节。
26 请参见第六章中的《设计师社会责任：实例一则》部分。
27 参照第三章的《当物品呈现出其特征时》一节。
28 参照第三章《侘寂美学》一节。
29 见第三章《转瞬即逝的美》一节。
30 见第一章《优美》和《遵循普遍性审美准则》两节。
31 参照第三章的《时代精神分析》部分。
32 参照第三章《侘寂美学》一节。
33 参照第四章《生成时间》一节。
34 参照第一章《遵循普遍性审美准则》一节。
35 见本章《审美策略模型》。
36 见第三章的《时代精神分析》一节，我在其中提及，沙因分析模型由人工制品、价值观念、基本的潜在定见三个层次组成。

参考文献

Aristotle. 1996. *Poetics*. London: Penguin Books.

Arnheim, Rudolf. 1974. *Art and Visual Perception.* Berkeley: University of California Press.

Barthes, Roland. 1977. *Image-Music-Text*. Edited and translated by Stephen Heath. London: Fontana Press.

—. 2001. *A Lover's Discourse: Fragments*. Translated by Richard Howard. New York: Hill and Wang.

Baudelaire, Charles. 1998. The Flowers of Evil. Translated by James McGowan. Oxford: Oxford University Press.

—. 1964. *The Painter of Modern Life and Other Essays.* Translated by Jonathan Mayne. London, UK: Phaidon Press.

Benjamin, Walter. 2007. *Illuminations: Essays and Reflections.* Translated by Harry Zohn. New York: Schocken Books.

Bille, Mikkel and Tim Flohr Sørensen. 2012. *Materialitet: en indføring i kultur, identitet og teknologi [Materiality: An Introduction to Culture, Identity and Technology]*. Frederiksberg: Samfundslitteratur.

Böhme, Gernot. 2010. On Beauty. *Nordic Journal of Aesthetics,* 39, pp. 22–33.

Brubach, Holly. 2012. The Right Stuff. *New York Times Style Magazine,* [online] October 4. Available at: http://tmagazine.blogs.nytimes.com/2012/10/04/the-right-stuff-orhan-pamuk/

Brøgger, Stig, Else Marie Bukdahl and Hein Heinsen, eds.1985. *Omkring det Sublime [Around the Sublime]*. Copenhagen: The Royal Danish Academy of Fine Arts.

Burke, Edmund. 1958. *A Philosophical Enquiry into the Origin of our Ideas of the Sublime and Beautiful*. London: Routledge and Kegan Paul.

Chapman, Jonathan. 2011. *Emotionally Durable Design*. London: Earthscan.

Crowther, Paul. 1989. *The Kantian Sublime: From Morality to Art*. Oxford: Clarendon Press.

Fletcher, Kate and Lynda Grose. 2012. *Fashion & Sustainability: Design for Change.* London: Laurence King Publishing Ltd.

Gotfredsen, Lise. 1998. *Billedets formsprog [The Idiom of the Image]*. Copenhagen: Gads Forlag.

Goethe, J.W. von. 2004. *The Sorrows of Young Werther*. Translated by Burton Pike. New York: Random House.

Guldager, Susanne and Kristine Harper. 2015. *The Empowering Experience of Working With Local Artisans*. Less Magazine, [online] 4, pp. 103–109. Available at: http://lessmagazine.

com/issue-04/

Habib, M.A.R. 2005. *A History of Literary Criticism and Theory: From Plato to the Present*. Malden, MA: Blackwell.

Itten, Johannes. 1997. *The Art of Color: The Subjective Experience and Objective Rationale of Color*. Hoboken, NJ: John Wiley and Sons.

Juniper, Andrew. 2003. *Wabi-Sabi: the Japanese art of impermanence*. Clarendon, VT: Tuttle Publishing.

Jørgensen, Dorthe. 2012. Fornemmelsens filosofi: Æstetik, fænomenologi og erfarings-metafysik [The Philosophy of Sensation: Aesthetics, Phenomenology and the Metaphysics of Experience]. In: Ulla Thøgersen and Bjarne Troelsen, eds. *Filosofi og kunst [Philosophy and Art]*. Aalborg: Aalborg University Press.

—. 1990. *Nær og Fjern: spor af en erfaringsontologi hos Walter Benjamin [Near and Far: Traces of an Ontology of Experience in Walter Benjamin]*. Aarhus: Modtryk.

—. 2001. *Skønhedens Metamorfose: De æstetiske idéers historie [The Metamorphosis of Beauty: The History of Aesthetic Ideas]*. Odense: Odense University Press.

—. 2008. *Skønhed: en engel gik forbi [Beauty: An Angel Passed by]*. Aarhus: Aarhus University Press.

Kandinsky, Wassily. 2008. *Concerning the Spiritual in Art*. Translated by Michael T.H. Sadler. Auckland, NZ: The Floating Press.

Kant, Immanuel. 2002. *Critique of the Power of Judgment*. Translated by Paul Guyer and Eric Matthews. Cambridge:

Cambridge University Press.

—. 1991. *Observations on the Feeling of the Beautiful and the Sublime.* Berkeley: University of California Press.

Knausgaard, Karl Ove. 2012. *My Struggle: Book One*. Translated by Don Bartlett. New York: Archipelago Books.

Koren, Leonard. 2008. *Wabi-Sabi for Artists, Designers,* Poets & Philosophers. Point Reyes, CA: Imperfect Publishing.

Kundera, Milan. 1998. *Identity. Translated by Linda Asher.* London: Faber and Faber.

—. 1996. *Slowness*. Translated by Linda Asher. New York: HarperCollins Publishers.

Long, Rose-Carol Washton. 1980. *Kandinsky: The Development of an Abstract Style.* Oxford: Clarendon Press.

Lyotard, Jean-Francois. 1994. *Lessons on the Analytic of the Sublime*. Stanford: Stanford University Press.

—. 1991. *The Inhuman: Reflections on Time*. Cambridge: Polity Press.

Merleau-Ponty, Maurice. 2002. *The World of Perception*. New York: Routledge.

Ørskov, Willy. 1987. *Den åbne skulptur og udvendighedens æstetik [The Open Sculpture And the Aesthetics of the Outside].* Essays. Copenhagen: Borgen.

—. 1999. *Samlet: Aflæsning af objekter, Objekterne, Den åbne skulptur [Detecting Objects and Other Writings]*. Copenhagen: Borgen.

Pamuk, Orhan. 2010. *The Museum of Innocence*. London: Faber and Faber.

Plato. 1997. Greater Hippias. Translated by Paul Woodruff. In: John M. Cooper, ed. *Complete Works.* Indianapolis/Cambridge: Hackett Publishing Company.

Proust, Marcel. 2004. *Swann's Way*. Translated by Lydia Davis. New York: Penguin.

Pugh, David. 1996. *Dialectic of Love: Platonism in Schiller's Aesthetics.* Montreal & Kingston: McGill-Queen's University Press.

Scheff, T.J. 1979. *Catharsis in Healing, Ritual and Drama.* Berkeley: University of California Press.

Schein, Edgar. 2004. *Organizational Culture and Leadership*. San Francisco: Jossey-Bass.

Schiller, Friedrich. 2010. *Aesthetical and Philosophical Essays, vol.1.* London: Forgotten Books.

Thomsen, Søren-Ulrik. 2002. *Det værste og det bedste [The Worst and the Best].* Copenhagen: Gyldendal.

Thyssen, Ole, ed. 2005. *Æstetisk Erfaring: tradition, teori, aktualitet [Aesthetic Experience: Tradition, Theory and Topicality].* Frederiksberg: Samfundslitteratur.

Walker, Stuart. 2007. *Sustainable by Design.* London: Earthscan.

网页：

www.csrkompasset.dk

www.lessmagazine.com

www.localwisdom.info

www.textiletoolbox.com

索 引

术语索引

（译文后的数字为原书页码，即本书边码）

Aesthetic 审美（上）
-ally sustainable design 可持续设计 4, 5, 34, 38, 47, 57, 62, 69, 78, 80, 87, 106, 151, 160

bond 联结 1, 4, 47, 54, 61–62, 76–78, 91, 98–9, 110 参见value/valuable价值，有价值的

decay 衰败 62, 72–74, 77, 80–81, 86, 100

concept 理念 4, 14, 26, 44–45, 55, 59, 66, 89, 108, 118, 131ff

education 教育 34, 53, 103

emotional objects 滋养人心的物品 12, 61–62, 76, 98–100, 103, 107, 110, 124–125, 151 参见bond 联结

flexibility 灵活性 3, 52, 54, 59ff, 123

-ization 灵活 129–132

nourishment 滋养 1–2, 34, 44, 46, 50, 62, 68–70, 90, 102–103, 123–125, 136–137, 139, 153, 160

philosophy 哲学 13, 34, 36, 38, 45, 62, 115–116, 124, 129, 153

principles 准则 11, 13–14, 16–20, 47–48, 120, 146, 153

strategy 策略 3, 46, 73, 118–120,

129ff 参见DSR（设计师社会责任）

anchor, -age, -ing 锚定 16–17, 22–33, 55, 142

animism 泛灵论 97

anti-trend 逆潮流 67, 156

artifact, artifact level 人工制品, 人工制品层次 10, 64–65, 154

artisan, -s 工匠 118, 120–123 参见lace, lace-makers 蕾丝, 蕾丝制造商

assumption, -s 定见/先入之见 23–25, 30, 33–35, 48, 63–65, 135, 139–140, 143, 154

asymmetry 不对称 11, 35–36, 48, 60, 73–75, 121, 134 参见 sublime, the 崇高, wabi-sabi 侘寂

aura, -tic 灵韵 29, 45–46, 97, 100–111

avant-garde 先锋 49, 104, 141 参见Lyotard, J-F. 让-弗朗索瓦·利奥塔

balance, -d 均衡（的）11, 11–20, 36, 54, 119, 135, 146

Bauhaus School, the 包豪斯学校 15–17

beautiful, the 优美的 10–16, 11, 19–20, 23–25, 29–30, 38–42, 60, 62–66, 71–73, 76–79, 90, 103, 124, 129–130, 132, 135, 153 参见aesthetic nourishment 审美滋养, aesthetic decay 审美衰败, sublime, the 崇高, balance, -d 均衡（的）, symmetry 对称

breaking the comfort zone 突破舒适区 133–134, 135, 140–141, 143–145, 157, 159 参见 aesthetic strategy 审美策略

blending in 融入环境 52, 133–134, 135, 152–157 参见 aesthetic strategy 审美策略

body, bodily 身体（的）9–10, 19–21, 25, 27–29, 34, 41, 46, 54, 71, 73, 80, 85, 87, 108, 124, 126–127, 146–147, 150

camouflage 藏形匿影 135, 152–155

catharsis, cathartic experience 净化，净化体验 36, 38–39, 111, 131, 135, 143, 145

chaos, chaotic expression 混

乱，无序的设计 10, 11, 15, 34–40, 46, 48–49, 70, 92–93, 135, 139, 144–146, 150

changing needs 变化的需要 80–81

cognito sensitive 感性认知 115

color, theory of Goethe's 歌德的色彩理论 18–19

color, theory of Itten's 伊顿的色彩理论 18–19, 71, 125, 158

color, theory of Kandinsky's 康定斯基的色彩理论 19

color harmony 色彩和谐 3, 9, 11, 18, 35, 50, 93, 125, 131, 134, 139, 146, 149, 154, 158 参见 composition, -s 构图

comfort booster 强化舒适感 133, 135, 140–143, 145, 158 参见 aesthetic strategy 审美策略, comfort zone 舒适区

comfort zone 舒适区 3, 24–25, 36, 38–39, 48–50, 133–134, 135, 138, 140–145, 148, 157 参见 aesthetic strategy 审美策略, comfort booster 强化舒适感

composition, -s 构图 11, 14, 17–18, 20, 46, 48, 50, 54, 70, 88, 93–94, 105, 117, 134, 139, 146, 158

community 共同体 24, 38, 115, 121, 153, 155 参考 sensus communis 共感，Dickwella Lace Centre 迪克韦拉蕾丝中心

complex, -ity 复杂（性） 3, 15–16, 24, 33, 44–47, 51, 59, 72, 88–89, 92–93, 117, 121, 123, 134, 135, 139–140, 143, 157–158

conceptualize, -ing 概念化 14, 33, 104, 140, 145

connotation, -s 内涵 20–23, 43, 48, 50, 55, 71, 75–76, 87, 105, 116–117, 135, 136, 140–144, 157–159 参见 Barthes, R. 罗兰·巴特, connotative frame 内涵框架, denotation 指示意义, recipient (receiver), the 受众（接受者）, semiotics 符号学

connotative frame 内涵框架 13, 21, 23–24, 142–143, 147, 156 参见 connotation 内涵, Barthes, R. 罗兰·巴特, Schein, E. 埃德加·沙因

constancy 恒久性 59, 66–8

consumption, consumer 消费（者）2, 5, 23–24, 65–67,

70–72, 75–78, 80–81, 107, 111, 115–120, 133, 143, 151–152, 155, 157, 160 参见 recipient (receiver), the 受众（接受者）

corporate social responsibility (CSR) 企业社会责任 119–120

craft (techniques and tradition) 手工（技艺和传统）64, 88–89, 112, 117, 120–123, 125, 151 参见 lace 蕾丝, lace-makers 蕾丝制造商

cultural 文化

  analysis 分析 65, 154 参见 Schein, E. 埃德加·沙因

  context ("baggage") 背景 13, 15–16, 19, 20–22, 41, 60, 69, 85–86, 97, 105, 156 参见 assumptions 定见（先入之见）, connotative frame 内涵框架, recipient, the 受众, Schein, E. 埃德加·沙因, zeitgeist 时代精神, zeitgeist-analysis 时代精神分析

  levels 层面 64–65, 136, 154

  myths 神话 23 参见 connotative frame 内涵框架, Barthes, R. 罗兰·巴特

  tendencies 倾向 152

cult value 崇拜价值 100–1

decod-e, -ing, -able 解读，可解读的 3, 5, 9–12, 15–18, 20–21, 23–25, 27, 33, 35, 39, 47–56, 59, 61, 63, 68–70, 74, 85–87, 103, 106, 116, 125, 135, 136, 140–145, 148–149, 152, 155, 157–158 参见 aesthetic strategy 审美策略, recipient (receiver), the 受众, Ørskov, W. 奥尔斯科夫

denotation 指示意义 21–22 参见 Barthes, R. 罗兰·巴特, connotation 内涵, connotative frame 内涵框架, semiotics 符号学

design 设计 133, 159–160

  analysis 分析 experience 体验 4–5, 9, 33, 38, 46, 53–54, 70, 81, 132–133, 142, 147–148, 152

  process 过程 2, 6, 23, 28, 53, 63–65, 69–70, 74, 77, 79–80, 86–87, 89, 116, 118, 122, 131–134, 139–142, 144, 151, 157, 159 designer, role of 设计师职责 2, 14–15, 18–19, 21–24, 27–30, 34–35, 50–51, 53, 56, 66, 69–71, 74-75, 78–81, 89, 92, 95, 97, 104–106, 111–112, 115ff, 130, 132–135, 139ff

designer social responsibility (DSR) 设计师社会责任 119-23

destructive 破坏性的 40, 43

detect-ion, -ing, -able 探索, 可探索的 5, 27–30, 39, 47, 49–50, 59, 61, 65, 70, 74–75, 86–87, 89, 92–94, 103–106, 136–137, 134, 138–139, 158

dialogue, subject–object dialogue 对话, 主客体对话 74, 94–95, 101, 116

Dickwella Lace Centre 迪克韦拉蕾丝中心 121 参见lace 蕾丝, lace-makers 蕾丝制造商

discarded objects 废弃物 91

disharmon-y, -ic, inharmonic 不和谐（的）36, 54

durability, durable 持久性, 可持久的 1–6, 10, 12, 15, 19, 34, 40–41, 44, 47, 50, 52, 54, 57, 63, 66, 68, 70, 72, 74–81, 85–87, 89, 92–93, 99, 102–103, 106–107, 109, 111–112, 117–118, 121, 124, 130, 132–133, 151–154, 159–160

dynamic, -al 动态（的）18, 42–43, 68–69, 72, 92, 105, 146

emotional 情感
  bond 联结 1, 61–62, 71, 74, 76, 78, 85, 99, 100, 124, 151 参见aesthetic bond 审美联结
  attachment 依恋 12, 61, 76, 107, 110, 116, 125
  durability 持久性 86, 124ff

empirical, empiricist 经验的, 经验主义 44–45, 98, 129

everyday products, aesthetics 日常用品, 日常美学 9–10, 39, 50, 62, 64, 66, 76–77, 80, 100–106, 109–112, 119, 123–124

fashion, fashion industry 时尚, 时尚行业 44, 60, 62–63, 67, 71, 74, 81, 87, 151

flexibility, flexible aesthetics 灵活性, 审美灵活性 3–5, 39, 52, 54, 59–82, 93, 118, 123

flow 心流 88–89, 99, 101, 112

form 形式 11–16, 20, 27–30, 33, 35–36, 42, 45–47, 50–54, 69–73, 80–81, 85–86, 88–89, 91, 93, 104–105, 122, 130, 132, 141, 144, 146

functional-ism, -ity 功能主义，功能性 1–4, 9, 11–12, 15, 17, 20–21, 25, 29, 52–3, 61, 70 1, 73, 79–81, 93, 99–100, 105, 115–116, 125, 132–133, 134, 138, 149, 151, 158

garment, -s 外衣，大衣 52, 72, 76, 81, 99, 109, 122, 151–152, 154–155, 157

generalization 普遍化 33, 116, 129–132

habitual 习惯的 10, 22, 69, 105, 146–147, 152–153

handmade 手工制作的 24, 65, 73, 76, 78, 86, 119

heirlooms 传家之物 62, 78

horizon expanding 开阔视野的 34, 43, 46–48, 52–53, 56, 75, 145

humble expression 质朴的设计 74–5

identity 身份 21, 24, 26, 30, 54, 70–72, 81, 90, 97, 99, 108–109, 124, 152, 155

individual 个体的 21–22, 24, 30, 34, 40–41, 43, 45, 48, 50, 53, 59, 61, 64, 67–68, 79–80, 90, 94, 97, 101–102, 110–111, 116, 119–120, 125, 130–132, 135, 143, 149, 155

inertia 惯性 10, 20, 27–29, 35, 69, 134, 138, 147

instant payoff 即时回馈 15, 134, 136–139, 140, 142, 145, 148, 158

instant presence 即时存在 136–7, 139–140, 145, 158

international style, the 国际化的风格 15–17

interpretation 阐释 10, 14, 16–17, 20–22, 27, 74, 85, 87, 142, 146

immediate understanding 立即理解 3–4, 9, 11–12, 14–15, 18, 20–22, 24–28, 30, 33–35, 38–39, 42, 46–55, 61–62, 65, 68–71, 76, 97, 107–108,

116, 125, 137, 138, 140–143, 145–146, 148, 150

imperfect 不完美的 74–75, 86, 91, 98, 152 参见wabi-sabi 侘寂

impermanent 无常 74 参见wabi-sabi 侘寂

Itten's color contrasts 伊顿的色彩对比理论
 cold-warm contrast 冷暖对比 18–19, 71
 complementary contrast 互补对比 18–19, 71, 125
 contrasts of hue 色相对比 18–19, 71
 contrast of saturation 色度对比 18–19, 71, 125, 155
 contrast of extension 色彩面积比 18–19, 50, 71, 93, 157
 light–dark contrast 明暗对比 18–19, 71
 simultaneous contrast 同时对比 18–19, 71

lace, lace-makers 蕾丝，蕾丝制造商 86, 112, 121–123, 140

leather 皮革 74, 77, 91, 147

linguistic message 语言信息 21–24, 55, 89, 115, 131, 135, 142, 144, 159

local production 本土制造 89, 112, 115, 119–121, 123, 143

Local Wisdom Project, the 地方智慧项目 71–72, 77–78, 124

longevity 寿命 63, 115, 153

magical thing, the 神奇的物 5, 29–30, 45–46, 55, 61, 85, 97–112, 118, 131

material, -s 物质 2–5, 9–10, 12, 14, 20, 22, 25, 27–30, 33, 35, 38, 44, 47–52, 54–55, 59, 62–65, 69–71, 73–75, 77, 81, 85–86, 88–91, 93–95, 99, 104–105, 111, 117–118, 132, 136–137, 138–141, 143–152, 156, 158–159

material romanticism 物质浪漫主义 28 参见Ørskov, W. 奥尔斯科夫, romantic, the 浪漫的

meditative 沉思的 26–27, 41, 46, 73

memor-y, -ies 记忆 1, 25–27, 29, 72, 85, 100, 112, 116, 125, 130–132

metal 金属 28, 144

minimalis-m, -tic 极简主义（的）3, 12, 15–17, 65, 67, 123, 153, 156

modern beauty 现代美 60

modular thinking, modular garments 模块式思维，模块化服装 52, 81, 154

multifunctionality 多功能性 3, 70, 73, 79–81, 93, 116, 151

narrative 叙事 5, 37, 62, 117–118, 122, 141, 143, 145

neutral, -ity 中立，中性 3, 15, 17, 73, 80, 94, 116, 118, 135, 154, 156

normalcy 常态 35, 75–77, 98, 102–103, 107, 109–112, 150, 157

objective 客体的 13, 54, 107, 111 参见 object surface 物体表面, dialogue 客体对话

object-less aesthetic 无客体的审美观 45

openness 开放性 103, 105, 131

organic 有机的 12, 28, 70–71, 73, 143

overconsumption 过度消费 2, 117, 120, 160

pattern booster 强化范式 133, 134, 146–150 参见 aesthetic strategy 审美策略, pattern breaker 背离范式

pattern breaker 背离范式 133, 134, 146–152, 158 参见 aesthetic strategy 审美策略, pattern booster 强化范式

perception 感知 3, 14, 34, 47 参见 phenomenolog-y, -ical 现象学（的）

phenomenolog-y, -ical 现象学（的）19–21, 27, 42, 54, 60, 69, 74, 81, 86–87, 92–94, 136, 134, 140 参见 Merlau-Ponty, M. 梅洛·庞蒂, Ørskov, W. 奥尔斯科夫

Pleasure of the Familiar, the 熟悉之物的愉悦感 3–6, 9ff, 35, 39, 41, 47, 49, 52–53, 56, 61, 68–71, 80, 87, 103, 106, 125, 134, 135, 136, 141–142

Pleasure of the Unfamiliar, the 陌生之物的愉悦感 3–6, 30, 33ff, 59, 68, 70, 75, 79–80, 86, 125, 134, 135, 136, 139,

141, 150

postmodern 后现代 131

postmodern sublime, the 后现代崇高 49-50, 141 参见Lyotard, J-F. 让-弗朗索瓦·利奥塔

pre-rational 先于理性的 74, 103–104, 115

pre-linguistic 先于语言的 116

pre-reflective 先于思维的 115

primary colors 原色 16–18

production 生产 2, 5, 21, 28, 117–118, 120, 123, 143

profane aura 世俗的灵韵 100-2, 105–106, 111

proportion 比例 11–13, 18, 35–36

recipient (receiver), the 受众（接受者）6, 11, 15, 19, 23–25, 28–29, 35, 40, 48, 50, 52–56, 59, 61–63, 67–72, 75, 78–79, 85ff, 104–106, 110–112, 124–125, 138ff

recycl-e, -able, -ed, -ing（可）回收（的）2, 5, 91, 143–144, 147, 153

redesign 重新设计 140

re-enchantment 复魅 101–104, 111

repetition 重复 15, 68, 77, 102–103, 106, 110–112, 152

ritualistic behavior 仪式性的行为 100

romantic, the 浪漫的 49, 108

sampling 采集 70, 80, 93, 135, 149, 157

second skin 第二层肌肤 77

seduction 诱惑 33, 37, 76–77, 102–103, 111

semiotics 符号学 21, 23, 27, 141 参见Barthes, R. 罗兰·巴特, connotation 内涵, denotation 指示意义, sign 符号

sensorial 感官的 17, 19–20, 29, 39–40, 46, 54, 56, 64, 124 参见sensuous, -ness, -ly 感官的

sensuous, -ness, -ly 感官的 5, 10, 25–27, 29–30, 34, 37–38, 41–43, 46, 51–54, 61, 65, 68–69, 71, 74, 79, 81, 87, 89–90, 93–95, 98–99, 101ff, 124–125, 129, 134, 136–137, 139, 146, 148, 158, 160

sentimental value 情感价值 29, 61–62, 100, 124–125

shape 形状 3, 9–11, 11, 14–17,

19–20, 27, 47–49, 51, 54, 68, 72–3, 81, 86, 89, 132, 134–135, 138–139, 145–147, 152, 155, 159

sign 符号 22–23, 28 参见semiotics 符号学, Barthes, R. 罗兰·巴特

slow 慢
  design (aesthetics) 设计（美学）24, 66–68, 70, 72, 74 参见aesthetic decay 审美衰败
  clothing 服装 67, 71
  movement 动作 21, 64–65, 68, 76, 79–80
  living 生活 22

spiritual, -ity 精神的，精神性 19, 43, 90, 97, 99–101, 106, 108, 123–124, 133

spiritual sensitivity 心灵敏感度 19

Sri Lanka Project, the 斯里兰卡项目 121–123, 143, 151 参见Dickwella Lace Centre 迪克韦拉蕾丝中心, lace 蕾丝, lace-makers 蕾丝制造商

standing out 脱颖而出 133–134, 135, 136, 144, 152, 154–159

static expression 静态的造型 88, 92

storytelling, story, stories （讲）故事 5, 22–24, 27, 65, 71–72, 74, 77–78, 81, 85–86, 88–91, 98–99, 108, 110–112, 117–118, 122–123, 125, 130–131, 143–145

structure 结构 9–10, 14ff, 22–23, 34, 48–49, 51, 54, 56, 68, 79, 85–86, 89, 138, 140

suede 绒面革 28

subjective preferences, personal preferences 个体偏好，个人喜好 4, 23–24, 61, 65, 69, 72, 88, 94, 115, 129–131, 153–154

substantialism 实质主义 21, 28

sublime, the, sublime experience, sublimity 崇高，崇高体验，崇高性 3, 5, 10–12, 11, 34ff, 70, 75, 101, 103–104, 124, 129–130, 133, 135, 139, 141, 145 参见beautiful, the 优美的

symmetry 对称 3, 11, 18, 35–36, 38, 47, 49–50, 60, 73, 134, 158

symbolism 象征主义 15, 18

synthesize 综合 42, 46, 65, 130

kantian sublime, the 康德式的崇高 42ff

tactil-e, -ity, tactile stimulation 触觉的，触感，触觉刺激 9, 14, 19, 25–26, 28–29, 54, 64, 71, 73–75, 85–86, 88–89, 89, 95, 98, 100, 105, 106ff, 131, 137ff, 140, 147–148

target group 目标群体 24–25, 65, 70, 81, 85, 110, 118, 144–145

taste 品味 1, 3, 13–14, 16, 21, 26, 59, 85, 94, 122, 129–131, 153–154

temporal design object, the 设计时间之物 85

textile, -s 纺织品 28, 62

time of becoming 生成时间 86–89, 92–93, 104, 112, 116–117, 125, 140, 142, 157–158

time of being 存在时间 87, 92–95, 134, 139–140

time of existence 存有时间 87, 90–93, 105, 116, 125, 139, 140

thing-in-itself 物自体 19, 85–86, 92, 97, 116

thing-magic 物神 5, 97 参见 magical thing, the 神奇的物

thingness 物性 76ff

touch, touch experience 触摸，触摸体验 9, 27–28, 35, 38, 41, 47, 54, 60–61, 68–69, 74, 80, 89, 92, 98–100, 105, 109, 137, 148–149, 160

transparency 透明性 16, 117–118, 137, 142–143

truism 自明之理 63–65

unbalance, -d 不平衡（的）11, 14

unconventional 不同寻常的 35, 50, 55, 74–75, 93, 134, 150, 156, 158

underlying assumptions 潜在的定见 63–65

unique 独一无二的 73, 78, 80, 99–100, 105, 107–110, 118–119, 154, 157

universal aesthetic principles 普遍性审美准则 13, 25, 47–48, 79, 139, 146, 154, 158

universal idiom 通用的设计模板 14–18, 48

universal-ity, -ism 普遍性 3, 16–17, 41, 86, 129

upcycl-e, -ing 升级回收 4, 91
user, the 用户 2–3, 29–30, 39, 52, 59–60, 62, 65–66, 70, 78, 80–81, 85, 91, 110, 116–118, 122, 132–133, 137, 138, 146–149, 151–152, 154–155, 157, 159 参见recipient (receiver), the 受众（接受者）
usage 使用 59, 134, 138, 146–149, 152

value 价值 1–5, 19–22, 24–25, 27–29, 34, 44, 53, 56–57, 60–65, 69, 72, 85–88, 91, 98–101, 104–105, 115ff, 131, 134, 135, 140–143, 145–146, 151–152, 159–160
variation 变化 14, 66–69, 71–72, 75, 106, 121, 123, 137

visual noise 视觉噪 15
visual tactility 视觉触觉 95, 140

wabi-sabi 侘寂 73–75, 79, 91, 152, 156
wear and tear 磨损 2, 4, 62, 73–74, 77–78, 81, 86, 89, 91, 118, 152, 156, 158
wood 木材 12, 22, 27–28, 54, 71, 74, 91–92, 147
wool 羊毛 25, 28, 38, 124–125, 147

zeitgeist, zeitgeist-analysis 时代精神，时代精神分析 1, 5, 14, 16, 63–65, 76, 118, 129, 135, 152–154
zen Buddhism 禅宗 73
zero waste 零浪费 2

人名索引

（译文后的数字为原书页码）

Addison, J. 约瑟夫·艾迪生 36

Aristotle 亚里士多德 11, 36, 66, 131, 143

Arnheim, R. 鲁道夫·阿恩海姆 14–15, 18–19

Barthes, R. 罗兰·巴特 4, 21–23, 63, 108–109

Baumgarten, A. G. 亚历山大·戈特利布·鲍姆加登 115

Baudelaire, C. 查尔斯·波德莱尔 60, 101, 153

Bayer, H. 赫伯特·拜耶 15

Benjamin, W. 沃尔特·本雅明 100–1

Breuer, M. 马塞尔·布鲁尔 12, 15, 90

Böhme, G. 格诺特·博默 11, 20, 49, 129, 131–132, 152

Burke, E. 埃德蒙·伯克 4, 27–41, 43–46, 49

Chapman, J. 乔纳森·查普曼 5, 76–77, 102, 107, 110

Duchamp, M. 马塞尔·杜尚 105

Fletcher, K. 凯特·弗莱彻 5, 71, 76, 81

Gotfredsen, L. 莉泽·戈特弗雷森 20

Goethe, J. W. V. 约翰·沃尔夫冈·冯·歌德 17–19, 107

Gropius, W. 瓦尔特·格罗皮乌斯 15

Itten, J. 约翰内斯·伊顿 4, 15, 18–19, 71, 93, 125, 155, 158

Jørgensen, D. 多特·乔根森 5, 11, 13, 19, 101, 105, 115

Kandinsky, W. 瓦西里·康定斯基 4, 15, 19, 106–107, 133

Kant, I. 伊曼努尔·康德 4, 40–42, 45–46, 49–50, 92, 101

Klee, P. 保罗·克利 15

Knausgård, K. O. 卡尔-奥韦·克瑙斯高 44, 56, 102–103, 106–107, 123, 131

Koren, L. 伦纳德·科伦 73–74

Kundera, M. 米兰·昆德拉 109, 132

Lyotard, J-F. 让-弗朗索瓦·利奥塔 4, 42, 48–50, 104–105, 129–131, 139–141, 144

Merleau-Ponty, M. 莫里斯·梅洛-庞蒂 19, 54, 94

Mies van der Rohe, L. 路德维希·密斯·凡·德罗 15

Oppenheim, M. 梅雷特·奥本海姆 105, 140

Ørskov, W. 威利·奥尔斯科夫 4, 15–16, 20–21, 27–28, 43, 74, 87–93, 103–104, 139

Pamuk, O. 奥尔罕·帕穆克 109–110

Plato 柏拉图 11–12, 30

Proust, M. 马塞尔·普鲁斯特 26, 90, 92

Pythagoreans, the 毕达哥拉斯 11

Schein, E. 埃德加·沙因 23, 30, 63–66, 136, 154, 159

Schiller, F. 弗里德里希·席勒 34, 103–104

Sullivan, L. 路易斯·沙利文 12

Thomsen, S-U. 索伦-乌尔里克·汤姆森 25

Thyssen, O. 奥勒·蒂森 66, 68, 124

Walker, S. 斯图尔特·沃克 5, 61, 63, 100–101, 111, 115, 133

Wordsworth, W. 威廉·华兹华斯 49